2020

京津冀
科技统计年鉴

天津市科学技术发展战略研究院
京津冀科技统计协同创新基地建设研究课题组 编著

科学技术文献出版社
SCIENTIFIC AND TECHNICAL DOCUMENTATION PRESS
·北京·

图书在版编目（CIP）数据

2020京津冀科技统计年鉴 / 天津市科学技术发展战略研究院京津冀科技统计协同创新基地建设研究课题组编著. —北京：科学技术文献出版社，2021. 9
ISBN 978-7-5189-7968-4

Ⅰ.①2… Ⅱ.①天… Ⅲ.①科技统计—华北地区—2020—年鉴 Ⅳ.①G322.72-66

中国版本图书馆 CIP 数据核字（2021）第 106989 号

2020京津冀科技统计年鉴

策划编辑：李　蕊　　责任编辑：李　晴　　责任校对：文　浩　　责任出版：张志平

出 版 者　科学技术文献出版社
地　　址　北京市复兴路15号　邮编 100038
编 务 部　(010) 58882938，58882087（传真）
发 行 部　(010) 58882868，58882870（传真）
邮 购 部　(010) 58882873
官方网址　www.stdp.com.cn
发 行 者　科学技术文献出版社发行　全国各地新华书店经销
印 刷 者　北京时尚印佳彩色印刷有限公司
版　　次　2021 年 9 月第 1 版　2021 年 9 月第 1 次印刷
开　　本　889 × 1194　1/16
字　　数　254千
印　　张　11.5
书　　号　ISBN 978-7-5189-7968-4
定　　价　36.00元

《2020 京津冀科技统计年鉴》

编辑委员会

编者说明

一、《2020京津冀科技统计年鉴》受天津市“京津冀科技统计协同创新基地建设研究”课题（课题编号：19PTZSYS00020）资助，在天津市科学技术局、河北省科学技术厅指导下，由天津市科学技术发展战略研究院、北京科学学研究中心和河北省科学技术情报研究院共同编辑制作。年鉴主要反映了京津冀的科技活动情况，收录了2014—2019年三地相关科技统计数据。

二、年鉴正文分为16个部分。第一部分为京津冀科技活动综合统计资料，数据来源于《中国统计年鉴》《中国科技统计年鉴》和三地相关统计资料；第二至第五部分分别为财政、研究与开发机构、工业企业和高等学校科技活动统计资料，数据来源于《中国统计年鉴》、《中国科技统计年鉴》、全国科学研究和技术服务业科技活动单位统计调查和全国地方财政科学技术支出统计调查等相关统计资料；第六部分为高技术产业发展统计资料，数据来源于《中国高技术产业统计年鉴》；第七部分为企业创新统计资料，数据来源于《全国企业创新调查年鉴》；第八部分为创新产出统计资料，数据来源于《中国科技统计年鉴》；第九至第十四部分分别为国家高新技术产业开发区、科技企业孵化器、国家级高新技术企业、国家大学科技园、火炬特色产业基地和创新型产业集群统计资料，数据来源于《中国科技统计年鉴》和《中国火炬统计年鉴》；第十五部分为科学技术普及统计资料，数据来源于《中国科普统计》；第十六部分为主要统计指标解释。附录收录三地各类科技创新机构清单。

三、本年鉴中部分数据合计数或相对数由于计量单位取舍不同而产生的计算误差，均未做机械调整。

四、有关符号说明：“#”表示其中的主要项；“①”等表示本表下有注解；“空格”表示该项统计指标数据不足本表最小单位数、不详或无该项数据。

目　录

第一部分

综　合

表 1-1 京津冀主要社会、经济指标情况（2019 年）

项目	全国	京津冀合计	北京	天津	河北	京津冀占比（%）
常住人口（万人）①	**140 005**	**11 308**	2154	1562	7592	**8.1**
户籍人口（万人）	**139 984**	**11 263**	2137	1551	7575	**8.0**
地区生产总值（亿元）	**985 333.1**	**84 580.1**	35 371.3	14 104.3	35 104.5	**8.6**
第一产业	**70 466.7**	**3 817.4**	113.7	185.2	3 518.4	**5.4**
第二产业	**386 165.3**	**24 281.5**	5715.1	4969.2	13 597.3	**6.3**
# 工业增加值	**317 108.7**	**20 138.4**	4241.1	4394.3	11 503.0	**6.4**
第三产业	**534 233.1**	**56 481.2**	29 542.5	8949.9	17 988.8	**10.6**
人均生产总值（元 / 人）	**70 892**	**74 801**	164 220	90 371	46 348	
社会从业人员（万人）	**77 471.0**	**6352.0**	1273.0	896.6	4182.4	**8.2**
农、林、牧、渔业总产值（亿元）	**123 967.9**	**6757.6**	281.7	414.4	6061.5	**5.5**
中资金融机构人民币存款余额（万亿元）②	**192.9**	**26.6**	16.2	3.1	7.3	**13.8**
# 住户存款余额	**81.9**	**9.9**	3.9	1.3	4.7	**12.1**
中资金融机构人民币贷款余额（万亿元）	**153.1**	**16.1**	7.2	3.5	5.4	**10.5**
一般公共预算收入（亿元）	**101 080.6**	**11 966.5**	5817.1	2410.4	3738.9	**11.8**
一般公共预算支出（亿元）	**203 743.2**	**19 272.9**	7408.2	3555.7	8309.0	**9.3**
固定资产投资（不含农户）比上年增长情况（%）	**5.4**		−2.5	13.1	6.5	
主要规模以上港口货物吞吐量（亿吨）	**91.9**	**7.1**	0	4.9	2.2	**7.7**
邮电业务总量（亿元）	**16 229.6**	**1 166.29**	460.11	148.80	557.38	**7.2**
社会消费品零售总额（亿元）	**408 017.2**	**3 2267.4**	15 063.7	4218.2	12 985.5	**7.9**
实际直接利用外资额（亿美元）③	**1 381.4**	**292.2**	142.1	47.3	102.8	**21.2**
货物进出口总额（亿美元）	**315 627.3**	**40 037.9**	28 689.7	7 346.1	4 002.1	**12.7**
# 出口	**172 373.6**	**10 560.7**	5 172.5	3 017.7	2 370.5	**6.1**
城镇非私营单位从业人员工资总额（亿元）	**154 296.1**	**20 306.6**	13 193.2	2 925.9	4 187.5	**13.2**
城镇非私营单位从业人员平均工资（元）	**90 501**		166 803	108 002	72 956	

注：①全国数据为年度人口抽样调查推算数据，京津冀数据为常住人口口径。

②中资金融机构人民币存款余额指标中，河北省为金融机构人民币存款余额数据。

③实际直接利用外资额指标中，河北省为实际利用外资额数据。

表 1-2　京津冀全省（市）财政收支情况（2019 年）

地区	地方财政科技支出合计（亿元）	# 中央对地方科技专项转移支出	地方财政支出（亿元）	科技支出占财政支出的比重（%）	地方财政收入（亿元）
全国	**5959.8**	**41.4**	**205 426.7**	**2.9**	**101 612.8**
京津冀合计	**634.0**	**9.73**	**19 272.9**	**3.3**	**11 966.5**
北京	433.4	9.7	7408.2	5.9	5817.1
天津	109.9	0.03	3555.7	3.1	2410.4
河北	90.7	0	8309.0	1.1	3739.0
京津冀占比（%）	**10.6**	**23.5**	**9.4**		**11.8**

表 1-3　京津冀省（市）本级财政收支情况（2019 年）

地区	地方财政科技支出合计（亿元）	# 中央对地方科技专项转移支出	地方财政支出（亿元）	科技支出占财政支出的比重（%）	地方财政收入（亿元）
全国	**1202.0**	**35.1**	**32 414.9**	**3.7**	**20 992.7**
京津冀合计	**375.5**	**9.7**	**5250.9**	**7.2**	**5223.2**
北京	328.4	9.7	2924.4	11.2	3330.7
天津	19.2	0	1297.3	1.5	1140.8
河北	27.9	0	1029.3	2.7	751.8
京津冀占比（%）	**31.2**	**27.6**	**16.2**		**24.9**

表 1-4 京津冀研究与试验发展（R&D）情况（2014—2019 年）

项目	2014 年	2015 年	2016 年	2017 年	2018 年	2019 年
R&D 人员（人）						
全国	**5351 472**	**5482 528**	**5830 741**	**6213 627**	**6571 372**	**7129 256**
京津冀合计	**662 292**	**692 452**	**726 162**	**748 602**	**726 671**	**791 217**
北京	343 165	350 721	373 406	397 281	397 034	464 178
天津	164 076	177 725	177 165	165 638	160 683	143 888
河北	155 051	164 006	175 591	185 683	168 954	183 151
京津冀占比（%）	**12.4**	**12.6**	**12.5**	**12.0**	**11.1**	**11.1**
R&D 人员全时当量（人年）						
全国	**3710 580**	**3758 848**	**3878 057**	**4033 597**	**4381 444**	**4800 768**
京津冀合计	**459 665**	**477 024**	**484 104**	**486 113**	**470 103**	**518 287**
北京	245 384	245 728	253 337	269 835	267 338	313 986
天津	113 335	124 321	119 384	103 087	99 490	92 502
河北	100 946	106 975	111 384	113 191	103 275	111 799
京津冀占比（%）	**12.4**	**12.7**	**12.5**	**12.1**	**10.7**	**10.8**
R&D 经费内部支出（亿元）						
全国	**13 015.6**	**14 169.9**	**15 676.8**	**17 606.1**	**19 677.9**	**22 143.6**
京津冀合计	**2046.6**	**2245.1**	**2405.3**	**2490.4**	**2862.9**	**3263.3**
北京	1268.8	1384.0	1484.6	1579.7	1870.8	2233.6
天津	464.7	510.2	537.3	458.7	492.4	463.0
河北	313.1	350.9	383.4	452.0	499.7	566.7
京津冀占比（%）	**15.7**	**15.8**	**15.3**	**14.1**	**14.5**	**14.7**
R&D 经费投入占 GDP 比重（%）						
全国	**2.02**	**2.06**	**2.11**	**2.15**	**2.14**	**2.23**
京津冀合计	**3.08**	**3.24**	**3.18**	**3.09**	**3.36**	**3.86**
北京	5.95	6.01	5.96	5.64	6.17	6.31
天津	2.96	3.08	3.00	2.47	2.62	3.28
河北	1.06	1.18	1.20	1.26	1.39	1.61

表 1–5　京津冀研究与试验发展（R&D）人员全时当量（2019 年）

单位：人年

地区	R&D 人员全时当量	# 研究人员	基础研究	应用研究	试验发展
全国	**4 800 768**	**2 109 460**	**391 972**	**615 395**	**3 793 700**
京津冀合计	**518 287**	**306 731**	**80 057**	**129 445**	**308 867**
北京	313 986	207 995	63 478	92 521	158 059
天津	92 502	48 280	9 518	14 509	68 481
河北	111 799	50 456	7 061	22 415	82 327
京津冀占比（%）	**10.8**	**14.5**	**20.4**	**21.0**	**8.1**

表 1–6　京津冀研究与试验发展（R&D）经费内部支出情况（2019 年）

单位：亿元

地区	R&D 经费内部支出	基础研究	应用研究	试验发展
全国	**22 143.6**	**1335.6**	**2498.5**	**18 309.5**
京津冀合计	**3263.3**	**395.1**	**671.1**	**2197.1**
北京	2233.6	355.5	563.9	1314.2
天津	463.0	24.7	49.2	389.1
河北	566.7	14.9	58.0	493.8
京津冀占比（%）	**14.7**	**29.6**	**26.9**	**12.0**

表 1–7　京津冀研究与试验发展（R&D）经费内部支出按支出用途分布（2019 年）

单位：亿元

地区	R&D 经费内部支出	日常性支出	# 人员劳务费	资产性支出	# 仪器和设备
全国	**22 143.6**	**19 786.7**	**6913.1**	**2190.5**	**1792.6**
京津冀合计	**3263.3**	**2860.1**	**1092.3**	**391.5**	**299.3**
北京	2233.6	1974.1	846.1	256.0	179.8
天津	463.0	399.7	136.3	58.6	48.7
河北	566.7	486.3	109.9	76.9	70.8
京津冀占比（%）	**14.7**	**14.5**	**15.8**	**17.9**	**16.7**

表 1-8 京津冀研究与试验发展（R&D）经费内部支出按资金来源分布（2019 年）

单位：亿元

地区	R&D 经费内部支出				
		政府资金	企业资金	国外资金	其他资金
全国	**22 143.6**	**4537.3**	**1688.7**	**23.7**	**695.2**
京津冀合计	**3263.3**	**1902.7**	**4971.9**	**7.8**	**195.2**
北京	2233.6	1069.2	98.7	7.7	170.0
天津	463.0	765.5	36.2	0.09	24.1
河北	566.7	68.0	4837	0.01	1.1
京津冀占比（%）	**14.7**	**41.9**	**294.4**	**32.9**	**28.1**

表 1-9 京津冀专利情况（2014—2019 年）

单位：件

项目	2014 年	2015 年	2016 年	2017 年	2018 年	2019 年
专利申请受理数						
全国	**2 210 616**	**2 639 446**	**3 305 225**	**3 536 333**	**4 146 772**	**4 195 104**
京津冀合计	**231 533**	**280 335**	**350 481**	**334 212**	**394 035**	**423 432**
北京	138 111	156 312	189 129	185 928	211 212	226 113
天津	63 422	79 963	106 514	86 996	99 038	96 045
河北	30 000	44 060	54 838	61 288	83 785	101 274
京津冀占比（%）	**10.5**	**10.6**	**10.6**	**9.5**	**9.5**	**10.1**
专利申请授权数						
全国	**1 209 402**	**1 596 977**	**1 628 881**	**1 720 828**	**2 335 411**	**2 474 406**
京津冀合计	**121 144**	**161 503**	**172 138**	**183 971**	**230 070**	**247 324**
北京	74 661	94 031	100 578	106 948	123 496	131 716
天津	26 351	37 342	39 734	41 675	54 680	57 799
河北	20 132	30 130	31 826	35 348	51 894	57 809
京津冀占比（%）	**10.0**	**10.1**	**10.6**	**10.7**	**9.9**	**10.0**
国内有效专利数						
全国	**4 032 362**	**4 792 356**	**5 527 183**	**6 324 215**	**7 517 791**	**8 812 070**
京津冀合计	**424 824**	**535 051**	**647 599**	**767 938**	**898 772**	**1 047 376**
北京	274 667	344 916	417 666	494 941	569 929	653 053
天津	83 628	103 775	124 443	144 706	168 876	198 946
河北	66 529	86 360	105 490	128 291	159 964	195 377
京津冀占比（%）	**10.5**	**11.2**	**11.7**	**12.1**	**12.0**	**11.9**

表 1-10　京津冀技术市场技术合同成交情况（2014—2019 年）

项目	2014 年	2015 年	2016 年	2017 年	2018 年	2019 年
技术输出地域合同数（项）						
全国	**297 037**	**307 132**	**320 437**	**367 586**	**411 985**	**484 077**
京津冀合计	**85 463**	**88 060**	**91 763**	**97 876**	**99 940**	**104 318**
北京	67 284	72 306	74 983	81 311	82 486	83 171
天津	14 947	12 456	12 934	12 168	11 214	13 885
河北	3232	3298	3846	4397	6240	7262
京津冀占比（%）	**28.8**	**28.7**	**28.6**	**26.6**	**24.3**	**21.5**
技术输出地域合同金额（亿元）						
全国	**8577.2**	**9835.8**	**11 407.0**	**13 424.2**	**17 697.4**	**22 398.4**
京津冀合计	**3555.0**	**3996.9**	**4552.6**	**5127.3**	**5919.4**	**6985.7**
北京	3137.2	3453.9	3941.0	4486.9	4957.8	5695.3
天津	388.6	503.4	552.6	551.4	685.6	909.3
河北	29.2	39.5	59.0	88.9	276.0	381.2
京津冀占比（%）	**41.4**	**40.6**	**39.9**	**38.2**	**33.4**	**31.2**
技术流向地域合同数（项）						
全国	**297 037**	**307 132**	**320 437**	**367 586**	**411 985**	**484 077**
京津冀合计	**64 724**	**65 568**	**72 048**	**74 261**	**81 094**	**87 738**
北京	47 015	50 140	55 480	55 944	61 213	65 137
天津	11 594	9439	9612	10 208	9309	11 277
河北	6115	5989	6956	8109	10 572	11 324
京津冀占比（%）	**21.8**	**21.3**	**22.5**	**20.2**	**19.7**	**18.1**
技术流向地域合同金额（亿元）						
全国	**8557.2**	**9835.8**	**11 407.0**	**13 424.2**	**17 697.4**	**22 398.4**
京津冀合计	**1728.3**	**1623.5**	**2326.7**	**2612.0**	**3090.4**	**4268.9**
北京	1234.7	1147.5	1753.2	1887.5	2247.2	3223.8
天津	340.8	330.7	389.2	421.2	347.6	461.5
河北	152.8	145.3	184.3	303.2	495.6	583.6
京津冀占比（%）	**20.2**	**16.5**	**20.4**	**19.5**	**17.5**	**19.1**

表 1–11 京津冀科技创新机构（2019 年）

地区	国家级企业技术中心（个）	入统国家级火炬计划平台（个）	入统国家级科技企业孵化器（个）	入统国家备案众创空间（个）	入统国家级高新技术企业（家）
全国	**1540**	**704**	**5206**	**8000**	**218 544**
京津冀合计	**207**	**55**	**462**	**949**	**36 814**
北京	94	20	130	245	23 190
天津	62	15	81	191	6013
河北	51	20	251	513	7611
京津冀占比（%）	**13.4**	**7.8**	**8.9**	**11.9**	**16.9**

2020/京津冀科技统计年鉴

第二部分

财　政

表 2-1　京津冀一般公共预算收入（2019 年）

单位：亿元

项目	全国	京津冀合计	北京	天津	河北	京津冀占比（%）
地方一般公共预算收入	**101 080.6**	**11 966.5**	5817.1	2410.4	3739.0	**11.8**
税收收入	**76 980.1**	**9088.1**	4823.0	1634.4	2630.7	**11.8**
国内增值税	**31 186.9**	**3561.6**	1820.9	727.1	1013.5	**11.4**
企业所得税	**13 517.8**	**1963.8**	1228.5	323.9	411.3	**14.5**
个人所得税	**4154.3**	**710.7**	544.2	96.5	70.1	**17.1**
资源税	**1768.5**	**101.6**	32.6	12.8	56.1	**5.7**
城市维护建设税	**4614.4**	**491.9**	235.0	108.7	148.2	**10.7**
房产税	**2988.4**	**507.1**	354.4	77.4	75.2	**17.0**
印花税	**1233.6**	**169.1**	87.7	33.0	48.4	**13.7**
城镇土地使用税	**2195.4**	**175.0**	20.0	16.0	139.1	**8.0**
土地增值税	**6465.1**	**628.3**	255.4	102.8	270.1	**9.7**
车船税	**880.95**	**100.0**	32.9	13.1	54.0	**11.3**
耕地占用税	**1389.8**	**88.7**	3.2	4.6	80.9	**6.4**
契税	**6212.9**	**572.7**	225.2	113.0	234.51	**9.2**
烟叶税	**111.0**	**0.3**			0.3	**0.2**
环境保护税	**221.7**	**41.2**	9.6	4.3	27.3	**18.6**
其他税收收入	**39.8**	**6.3**	3.3	1.2	1.8	**15.7**
非税收入	**24 100.5**	**2878.4**	994.1	776.0	1108.3	**11.9**
专项收入	**6849.9**	**885.8**	424.3	157.8	303.6	**12.9**
行政事业性收费收入	**3483.4**	**278.8**	64.9	34.5	179.5	**8.0**
罚没收入	**2929.3**	**371.9**	76.0	138.2	157.6	**12.7**
国有资本经营收入	**1061.5**	**415.7**	152.1	227.8	35.8	**39.2**
国有资源（资产）有偿收入	**7344.0**	**630.7**	171.4	130.1	329.2	**8.6**
其他收入	**2432.4**	**295.6**	105.4	87.7	102.5	**12.2**

表 2-2　京津冀一般公共预算支出（2019 年）

单位：亿元

项目	全国	京津冀合计	北京	天津	河北	京津冀占比（%）
地方一般公共预算支出	**203 743.2**	**19 272.9**	7408.2	3555.7	8309.0	**9.5**
一般公共服务支出	**18 359.5**	**1517.9**	499.4	225.9	792.6	**8.3**
外交支出	**2.1**					
国防支出	**225.5**	**24.2**	9.7	1.9	12.6	**10.7**
公共安全支出	**12 062.5**	**1186.4**	540.6	213.3	432.5	**9.8**
教育支出	**32 961.1**	**3141.9**	1137.2	467.6	1537.1	**9.5**
科学技术支出	**5954.6**	**634.1**	433.4	109.9	90.7	**10.6**
文化体育与传媒支出	**3777.5**	**483.7**	279.3	46.4	158.0	**12.8**
社会保障和就业支出	**28 147.6**	**2751.9**	973.0	551.0	1228.0	**9.8**
医疗卫生与计划生育支出	**16 417.6**	**1427.3**	534.4	197.9	695.1	**8.7**
节能环保支出	**6969.0**	**1053.6**	308.8	242.3	502.5	**15.1**
城乡社区支出	**24 803.6**	**1819.4**	1074.6	242.3	502.5	**7.3**
农林水支出	**22 330.5**	**1724.4**	584.6	161.5	978.3	**7.7**
交通运输支出	**10 395.2**	**865.4**	401.6	81.0	382.8	**8.3**
资源勘探信息等支出	**4559.1**	**472.5**	163.9	176.8	131.9	**10.4**
商业服务业等支出	**1157.3**	**110.3**	32.0	51.0	27.4	**9.5**
金融支出	**671.6**	**30.6**	16.3	4.7	9.6	**4.6**
援助其他地区支出	**471.3**	**104.7**	66.5	29.6	8.6	**22.2**
国土海洋气象等支出	**1868.5**	**170.5**	23.3	17.6	129.6	**9.1**
住房保障支出	**5839.4**	**390.9**	96.8	84.8	209.3	**6.7**
粮油物资储备支出	**693.1**	**41.6**	13.5	7.9	20.2	**6.0**
债务付息支出	**3875.9**	**291.1**	68.8	55.1	167.3	**7.5**
债务发行运费支出	**20.6**	**1.5**	0.3	0.2	1.1	**7.3**
其他支出	**1116.6**	**161.0**	109.6	11.3	40.0	**14.4**

表 2-3 京津冀全省（市）财政科技支出情况（2014—2019 年）

项目	2014 年	2015 年	2016 年	2017 年	2018 年	2019 年
一般公共预算支出（亿元）						
全国	**129 215.5**	**150 335.6**	**160 351.4**	**173 228.3**	**188 196.3**	**203 743.2**
京津冀合计	**12 086.7**	**14 602.2**	**16 155.7**	**16 746.3**	**18 300.8**	**19 272.9**
北京	4524.7	5737.7	6406.8	6824.5	7471.4	7408.2
天津	2884.7	3232.4	3699.4	3282.5	3103.2	3555.7
河北	4677.3	5632.2	6049.5	6639.2	7726.2	8309.0
京津冀占比（%）	**9.4**	**9.7**	**10.1**	**9.7**	**9.7**	**9.5**
财政科技支出（亿元）						
全国	**2877.8**	**3384.2**	**3877.9**	**4440.0**	**5206.4**	**5954.6**
京津冀合计	**443.0**	**454.1**	**484.1**	**546.8**	**609.6**	**634**
北京	282.7	287.8	285.8	361.8	425.9	433.4
天津	109.0	120.8	125.2	116.0	106.7	109.9
河北	51.3	45.5	73.2	69.1	77.0	90.7
京津冀占比（%）	**15.4**	**13.4**	**12.5**	**12.3**	**11.7**	**10.6**
财政科技支出占一般公共预算支出的比重（%）						
全国	**2.2**	**2.3**	**2.4**	**2.6**	**2.8**	**2.9**
京津冀合计	**3.7**	**3.1**	**3.0**	**3.3**	**3.3**	**3.3**
北京	6.3	5.0	4.5	5.3	8.2	5.9
天津	3.8	3.7	3.4	3.5	3.4	3.1
河北	1.1	0.8	1.2	1.0	1.0	1.1

表 2-4　京津冀省（市）本级财政科技支出情况（2014—2019 年）

项目	2014 年	2015 年	2016 年	2017 年	2018 年	2019 年
一般公共预算支出（亿元）						
全国	**22 965.6**	**26 483.5**	**26 592.4**	**28 710.1**	**30 946.9**	**32 414.9**
京津冀合计	**3624.9**	**4125.6**	**4763.1**	**5090.7**	**5130.8**	**5250.9**
北京	1843.1	2199.9	2697.0	2862.2	3051.4	2924.4
天津	1086.1	1171.1	1239.4	1192.3	1095.9	1297.3
河北	695.7	754.6	826.7	1036.2	983.5	1029.3
京津冀占比（%）	**15.8**	**15.6**	**17.9**	**17.7**	**16.6**	**16.2**
财政科技支出（亿元）						
全国	**788.2**	**913.6**	**929.5**	**1075.0**	**1179.9**	**1202.0**
京津冀合计	**302.7**	**308.8**	**309.7**	**358.4**	**399.8**	**375.5**
北京	239.9	243.4	244.1	299.3	338.9	328.4
天津	50.3	53.6	45.2	40.9	41.4	19.2
河北	12.5	11.8	20.5	18.2	19.4	27.9
京津冀占比（%）	**38.4**	**33.8**	**33.3**	**33.3**	**33.9**	**31.2**
财政科技支出占一般公共预算支出的比重（%）						
全国	**3.4**	**3.5**	**3.5**	**3.7**	**3.8**	**3.7**
京津冀合计	**8.4**	**7.5**	**6.5**	**7.0**	**7.8**	**7.2**
北京	13.0	11.1	9.1	10.5	11.1	11.2
天津	4.6	4.6	3.7	3.4	3.8	1.5
河北	1.8	1.6	2.5	1.8	2.0	2.7

表 2-5 京津冀全省（市）财政科技支出按用途分布（2019 年）

单位：万元

项目	全国	京津冀合计	北京	天津	河北	京津冀占比（%）
地方财政科技支出合计	**59 597 766**	**6 340 505**	4 334 167	1 099 332	907 006	**10.6**
科学技术管理事务	**2 332 714**	**255 435**	124 754	28 323	102 358	**11.0**
基础研究	**1 522 106**	**222 236**	191 927	8175	22 134	**14.6**
应用研究	**2 448 315**	**642 225**	518 392	44 966	78 867	**26.2**
技术研究与开发	**21 369 682**	**1 118 346**	203 036	564 767	350 543	**5.2**
科技条件与服务	**3 700 536**	**126 588**	77 954	6834	41 800	**3.4**
社会科学	**467 164**	**56 784**	34 556	8494	13 734	**12.2**
科学技术普及	**1 458 565**	**124 568**	67 644	12 180	44 744	**8.5**
科技交流与合作	**326 629**	**58 930**	5949	44 972	8009	**18.0**
科技重大项目	**1 611 730**	**140 370**	112 382	14 307	13 681	**8.7**
其他科学技术支出	**24 360 325**	**3 595 023**	2 997 573	366 314	231 136	**14.8**
中央对地方科技专项转移支出	**414 268**	**97 126**	96 826	300	0	**23.4**

表 2-6 京津冀省（市）本级财政科技支出按用途分布（2019 年）

单位：万元

项目	全国	京津冀合计	北京	天津	河北	京津冀占比（%）
地方财政科技支出合计	**12 019 647**	**3 754 935**	3 283 933	191 789	279 213	**31.2**
科学技术管理事务	**251 184**	**70 398**	30 213	7677	32 508	**28.0**
基础研究	**898 919**	**211 321**	191 156	7948	12 217	**23.5**
应用研究	**1 777 195**	**524 663**	432 733	37 420	54 510	**29.5**
技术研究与开发	**3 203 951**	**277 809**	140 962	51 153	85 694	**8.7**
科技条件与服务	**818 275**	**51 235**	40 888	2799	7548	**6.3**
社会科学	**344 861**	**54 805**	34 556	8494	11 755	**15.9**
科学技术普及	**455 110**	**64 290**	50 365	6147	7778	**14.1**
科技交流与合作	**114 813**	**48 922**	5525	38 384	5013	**42.6**
科技重大项目	**772 180**	**130 768**	108 767	12 000	10 001	**16.9**
其他科学技术支出	**3 383 159**	**2 320 724**	2 248 768	19 767	52 189	**68.6**
中央对地方科技专项转移支出	**351 441**	**96 826**	96 826	0	0	**27.6**

表 2-7 北京市各区财政科技支出及占财政一般公共预算支出的比重（2019 年）

地区	财政科技支出（万元）	一般公共预算支出（万元）	财政科技支出占一般公共预算支出的比重（%）
各区合计	**1 050 585**	**44 756 407**	**2.3**
东城区	50 493	2 527 027	2.0
西城区	33 318	1 636 764	2.0
朝阳区	32 440	4 278 012	0.8
丰台区	596 169	6 970 253	8.6
石景山区	7276	2 563 258	0.3
海淀区	3684	1 027 638	0.4
门头沟区	15 108	3 598 016	0.4
房山区	9929	1 170 278	0.8
通州区	10 832	1 270 621	0.9
顺义区	52 788	1 472 445	3.6
昌平区	13 668	2 593 171	0.5
大兴区	129 120	6 580 076	2.0
怀柔区	6156	2 494 048	0.2
平谷区	39 119	2 232 943	1.8
密云区	19 240	3 058 742	0.6
延庆区	31 245	1 283 115	2.4

表 2-8　天津市各区财政科技支出及占财政一般公共预算支出的比重（2019 年）

地区	财政科技支出（万元）	一般公共预算支出（万元）	财政科技支出占一般公共预算支出的比重（%）
各区合计	**907 543**	**22 584 435**	**4.0**
和平区	3031	514 587	0.6
河东区	15 212	1 048 102	1.5
河西区	40 926	1 690 875	2.4
南开区	678 019	7 911 460	8.6
河北区	5047	502 151	1.0
红桥区	17 505	1 840 708	1.0
东丽区	14 741	637 620	2.3
西青区	8135	809 209	1.0
津南区	23 183	1 903 361	1.2
北辰区	3018	600 813	0.5
武清区	6443	1 007 910	0.6
宝坻区	4899	519 971	0.9
滨海新区	10 977	800 476	1.4
宁河区	22 732	734 444	3.1
静海区	18 249	1 262 309	1.4
蓟州区	35 426	800 439	4.4

表 2-9　河北省各地市财政科技支出及占财政一般公共预算支出的比重（2019 年）

地区	财政科技支出（万元）	一般公共预算支出（万元）	财政科技支出占一般公共预算支出的比重（%）
各市合计	**606 368**	**68 176 211**	**0.9**
石家庄市	118 384	9 843 194	1.2
唐山市	98 211	7 975 076	1.2
秦皇岛市	31 044	3 179 413	1.0
邯郸市	66 530	6 972 080	1.0
邢台市	30 392	5 504 747	0.6
保定市	40 410	7 169 591	0.6
张家口市	23 308	6 110 403	0.4
承德市	18 670	4 218 239	0.4
沧州市	49 422	6 863 022	0.7
廊坊市	74 277	6 397 682	1.2
衡水市	55 720	3 942 764	1.4

第三部分

研究与开发机构

（一）全部研究与开发机构

表 3-1　京津冀研究与开发机构基本情况（2014—2019 年）

项目	2014 年	2015 年	2016 年	2017 年	2018 年	2019 年
机构数（个）						
全国	**3677**	**3650**	**3611**	**3547**	**3306**	**3217**
京津冀合计	**529**	**528**	**537**	**532**	**518**	**514**
北京	392	389	396	391	382	383
天津	60	60	61	61	61	57
河北	77	79	80	80	75	74
京津冀占比（%）	**14.4**	**14.5**	**14.9**	**15.0**	**15.7**	**16.0**
从业人员（人）						
全国	**778 861**	**782 821**	**768 794**	**775 526**	**783 032**	**485 322**
京津冀合计	**206 070**	**209 256**	**207 266**	**213 424**	**213 921**	**147 084**
北京	168 993	170 563	167 138	170 666	175 944	125 390
天津	16 730	17 088	17 228	21 837	16 443	9962
河北	20 347	21 605	22 900	20 921	21 534	11 732
京津冀占比（%）	**26.5**	**26.7**	**27.0**	**27.5**	**27.3**	**30.3**
R&D 人员全时当量（人年）						
全国	**373 826**	**383 597**	**390 110**	**405 711**	**412 998**	**424 640**
京津冀合计	**115 213**	**116 808**	**118 852**	**124 498**	**124 924**	**128 345**
北京	97 130	97 988	99 099	102 538	105 812	108 309
天津	9862	10 063	10 517	12 333	8552	9120
河北	8221	8757	9236	9627	10 560	10 916
京津冀占比（%）	**30.8**	**30.5**	**30.5**	**30.7**	**30.2**	**30.2**
R&D 经费内部支出（亿元）						
全国	**1926.2**	**2136.5**	**2260.2**	**2435.7**	**2698.4**	**3080.8**
京津冀合计	**709.9**	**787.6**	**815.2**	**841.5**	**927.0**	**1095.7**
北京	640.9	702.8	730.1	741.2	828.3	994.2
天津	38.6	44.2	46.6	51.5	48.9	52.7
河北	30.4	40.6	38.4	48.8	49.8	48.8
京津冀占比（%）	**36.9**	**36.9**	**36.1**	**34.5**	**34.4**	**35.6**
专利申请数（件）						
全国	**41 966**	**46 559**	**52 331**	**56 267**	**61 404**	**67 302**
京津冀合计	**13 520**	**14 605**	**15 533**	**16 881**	**18 647**	**20 439**

续表

项目	2014 年	2015 年	2016 年	2017 年	2018 年	2019 年
北京	11 847	12 676	13 454	14 436	15 991	17 625
天津	1112	1264	1352	1604	1594	1586
河北	561	665	727	841	1062	1228
京津冀占比（%）	**32.2**	**31.4**	**29.7**	**30.0**	**30.4**	**30.4**
有效发明专利（件）						
全国	**65 837**	**86 367**	**107 718**	**124 518**	**151 327**	**162 097**
京津冀合计	**23 929**	**31 983**	**40 786**	**48 268**	**54 392**	**61 405**
北京	21 711	28 985	36 608	43 857	49 502	56 429
天津	1371	1783	2600	2594	2606	2625
河北	847	1215	1578	1817	2284	2351
京津冀占比（%）	**36.3**	**37.0**	**37.9**	**38.8**	**35.9**	**37.9**

表 3-2　京津冀研究与开发机构 R&D 人员情况（2019 年）

单位：人

地区	R&D人员合计	# 女性	# 博士毕业	硕士毕业	本科毕业	# 全时人员
全国	**485 322**	**163 134**	**95 919**	**179 858**	**148 762**	**380 983**
京津冀合计	**147 084**	**53 970**	**40 797**	**53 186**	**37 545**	**116 639**
北京	125 390	47 261	38 930	45 674	27 621	97 218
天津	9962	3450	1033	3448	4079	8638
河北	11 732	3259	834	4064	5845	10 783
京津冀占比（%）	**30.3**	**33.1**	**42.5**	**29.6**	**25.2**	**30.6**

表 3-3　京津冀研究与开发机构 R&D 全时人员按活动类型分布（2019 年）

单位：人年

地区	R&D 人员全时当量	# 研究人员	基础研究	应用研究	试验发展
全国	**424 640**	**306 662**	**92 129**	**148 348**	**184 163**
京津冀合计	**128 345**	**93 857**	**35 579**	**48 511**	**44 255**
北京	108 309	78 274	33 287	41 612	33 410
天津	9120	5863	1424	2931	4765
河北	10 916	9720	868	3968	6080
京津冀占比（%）	**30.2**	**30.6**	**38.6**	**32.7**	**24.0**

表 3-4　京津冀研究与开发机构 R&D 经费内部支出按活动类型分布（2019 年）

单位：万元

地区	R&D 经费内部支出	基础研究	应用研究	试验发展
全国	**30 808 296**	**5 103 101**	**9 336 308**	**16 368 887**
京津冀合计	**10 957 083**	**2 454 021**	**3 477 863**	**5 025 198**
北京	9 942 383	2 373 530	3 250 456	4 318 396
天津	526 917	58 600	139 584	328 733
河北	487 783	21 891	87 823	378 069
京津冀占比（%）	**35.6**	**48.1**	**37.3**	**30.7**

表 3-5　京津冀研究与开发机构 R&D 经费内部支出按支出用途分布（2019 年）

单位：万元

地区	R&D 经费内部支出	日常性支出	# 人员劳务费	资产性支出	# 仪器和设备支出
全国	**30 808 296**	**24 817 236**	**7 732 363**	**5 991 060**	**3 619 938**
京津冀合计	**10 957 083**	**8 980 470**	**2 691 016**	**1 976 614**	**1 257 566**
北京	9 942 383	8 152 361	2 433 036	1 790 022	1 148 597
天津	526 918	405 957	162 760	120 961	81 203
河北	487 783	422 152	95 220	65 631	27 766
京津冀占比（%）	**35.6**	**36.2**	**34.8**	**33.0**	**34.7**

表 3-6　京津冀研究与开发机构 R&D 经费内部支出按资金来源分布（2019 年）

单位：万元

地区	R&D 经费内部支出	政府资金	企业资金	国外资金	其他资金
全国	**30 808 296**	**25 824 046**	**1 186 593**	**50 450**	**3 747 206**
京津冀合计	**10 957 083**	**9 035 408**	**403 027**	**24 936**	**1 493 711**
北京	9 942 383	8 245 340	341 006	24 936	1 331 100
天津	526 917	371 782	50 395	0	104 741
河北	487 783	418 286	11 626	0	57 871
京津冀占比（%）	**35.6**	**35.0**	**34.0**	**49.4**	**39.9**

表 3-7 京津冀研究与开发机构 R&D 经费外部支出情况（2019 年）

单位：万元

地区	R&D 经费外部支出	对境内研究机构支出	对境内高等学校支出	对境内企业支出	对境外机构支出
全国	**1 879 542**	**648 449**	**164 142**	**567 860**	
京津冀合计	**864 876**	**379 076**	**78 181**	**183 741**	
北京	845 256	375 273	74 759	173 648	
天津	18 721	3803	3213	10 045	
河北	899		209	48	
京津冀占比（%）	**46.0**	**58.5**	**47.6**	**32.4**	

表 3-8 京津冀研究与开发机构 R&D 课题（2019 年）

地区	R&D 课题数（项）	投入人员（人年）	投入经费（万元）
全国	**125 642**	**377 571**	**21 194 883**
京津冀合计	**40 990**	**115 137**	**7 579 002**
北京	38 293	96 036	6 860 066
天津	1653	8947	366 479
河北	1044	10 154	352 458
京津冀占比（%）	**32.6**	**30.5**	**35.8**

表 3-9 京津冀研究与开发机构科技产出情况（2019 年）

项目	**全国**	**京津冀合计**	北京	天津	河北	**京津冀占比（%）**
发表科技论文（篇）	**185 978**	**69 509**	63 902	2955	2652	**37.4**
# 国外发表	**64 257**	**27 708**	26 998	498	212	**43.1**
出版科技著作（种）	**5469**	**2452**	2262	96	94	**44.8**
专利申请数（件）	**67 302**	**20 439**	17 625	1586	1228	**30.4**
# 发明专利	**52 185**	**16 557**	14 491	1192	874	**31.7**

续表

项目	全国	京津冀合计	北京	天津	河北	京津冀占比（%）
有效发明专利（件）	**162 097**	**61 405**	56 429	2625	2351	**37.9**
专利所有权转让及许可数（件）	**2944**	**1419**	1357	43	19	**48.2**
专利所有权转让及许可收入（万元）	**194 980**	**57 563**	47 249	1824	8491	**29.5**
形成国家或行业标准数（项）	**3568**	**1730**	1659	22	49	**48.5**

（二）地方部门属研究与开发机构

表 3–10　京津冀地方部门属研究与开发机构基本情况（2014—2019 年）

项目	2014 年	2015 年	2016 年	2017 年	2018 年	2019 年
机构数（个）						
全国	**2957**	**2935**	**2877**	**2819**	**2589**	**2491**
京津冀合计	**160**	**162**	**162**	**163**	**158**	**151**
北京	51	51	49	50	50	49
天津	40	40	41	41	41	36
河北	69	71	72	72	67	66
京津冀占比（%）	**5.4**	**5.5**	**5.6**	**5.8**	**6.1**	**6.1**
从业人员（人）						
全国	**230 510**	**232 168**	**235 142**	**233 759**	**221 402**	**115 110**
京津冀合计	**14 411**	**14 635**	**14 536**	**14 352**	**14 882**	**9665**
北京	7325	7494	7355	7227	7649	5535
天津	3235	3177	3234	3128	3217	1944
河北	3851	3964	3947	3997	4016	2186
京津冀占比（%）	**6.3**	**6.3**	**6.2**	**6.1**	**6.7**	**8.4**
R&D 人员全时当量（人年）						
全国	**80 300**	**85 510**	**86 198**	**91 116**	**92 043**	**92 974**

续表

项目	2014年	2015年	2016年	2017年	2018年	2019年
京津冀合计	**6642**	**6792**	**6648**	**7260**	**7685**	**7807**
北京	3855	3949	3863	4332	4606	4684
天津	1420	1396	1485	1332	1353	1306
河北	1367	1447	1300	1596	1726	1817
京津冀占比（%）	**8.3**	**7.9**	**7.7**	**8.0**	**8.4**	**8.4**
R&D 经费内部支出（万元）						
全国	**2 043 039**	**2 454 198**	**2 740 343**	**3 005 537**	**3 234 757**	**3 780 204**
京津冀合计	**264 588**	**284 094**	**322 785**	**321 317**	**350 306**	**345 318**
北京	175 812	185 666	211 628	199 039	216 745	216 342
天津	48 338	53 739	62 302	51 450	64 284	55 734
河北	40 439	44 689	48 855	70 828	69 277	73 242
京津冀占比（%）	**13.0**	**11.6**	**11.8**	**10.7**	**10.8**	**9.1**
专利申请数（件）						
全国	**6940**	**8760**	**11 145**	**11 527**	**13 087**	**13 655**
京津冀合计	**653**	**829**	**863**	**920**	**1151**	**1098**
北京	386	580	490	499	667	586
天津	141	131	143	163	185	194
河北	126	118	230	258	299	318
京津冀占比（%）	**9.4**	**9.5**	**7.7**	**8.0**	**8.8**	**8.0**
有效发明专利数（件）						
全国	**10 276**	**12 953**	**17 205**	**20 451**	**22 888**	**25 658**
京津冀合计	**1162**	**1339**	**1966**	**2603**	**2364**	**3000**
北京	598	816	1245	1853	1543	2087
天津	344	308	428	361	363	345
河北	220	215	293	389	458	568
京津冀占比（%）	**11.3**	**10.3**	**11.4**	**12.7**	**10.3**	**11.7**

表 3-11　京津冀地方部门属研究与开发机构 R&D 人员（2019 年）

单位：人

地区	R&D 人员合计	# 女性	# 博士毕业	硕士毕业	本科毕业	# 全时人员
全国	**115 110**	**47 089**	**17 942**	**39 604**	**42 425**	**77 610**
京津冀合计	**9665**	**4779**	**2225**	**2842**	**3111**	**6886**
北京	5535	2972	1623	1525	1342	4143
天津	1944	817	318	594	888	1047
河北	2186	990	284	723	881	1696
京津冀占比（%）	**8.4**	**10.1**	**12.4**	**7.2**	**7.3**	**8.9**

表 3-12　京津冀地方部门属研究与开发机构 R&D 人员全时当量按活动类型分布（2019 年）

单位：人年

地区	R&D 人员全时当量	# 研究人员	基础研究	应用研究	试验发展
全国	**92 974**	**64 267**	**18 141**	**30 323**	**44 510**
京津冀合计	**7807**	**4863**	**1781**	**2711**	**3315**
北京	4684	2583	1493	1758	1433
天津	1306	812	151	559	596
河北	1817	1468	137	394	1286
京津冀占比（%）	**8.4**	**7.6**	**9.8**	**8.9**	**7.4**

表 3-13　京津冀地方部门属研究与开发机构 R&D 经费内部支出按活动类型分布（2019 年）

单位：万元

地区	R&D 经费内部支出	基础研究	应用研究	试验发展
全国	**3 780 204**	**671 880**	**1 258 012**	**1 850 312**
京津冀合计	**345 319**	**71 694**	**131 122**	**142 503**
北京	216 342	60 891	91 856	63 595
天津	55 734	6944	22 345	26 446
河北	73 242	3859	16 921	52 462
京津冀占比（%）	**9.1**	**10.7**	**10.4**	**7.7**

表 3–14　京津冀地方部门属研究与开发机构 R&D 经费内部支出按支出用途分布（2019 年）

单位：万元

地区	R&D 经费内部支出	日常性支出	# 人员劳务费	资产性支出	# 仪器和设备支出
全国	**3 780 204**	**3 062 887**	**1 743 766**	**717 317**	**392 861**
京津冀合计	**345 319**	**299 470**	**176 634**	**45 849**	**33 867**
北京	216 342	181 115	110 141	35 228	24 648
天津	55 734	51 838	32 981	3896	3846
河北	73 242	66 517	33 512	6725	5373
京津冀占比（%）	**9.1**	**9.8**	**10.1**	**6.4**	**8.6**

表 3–15　京津冀地方部门属研究与开发机构 R&D 经费内部支出按资金来源分布（2019 年）

单位：万元

地区	R&D 经费内部支出	政府资金	企业资金	国外资金	其他资金
全国	**3 780 204**	**3 151 237**	**79 440**	**5012**	**544 516**
京津冀合计	**345 318**	**298 157**	**2345**	**1781**	**43 036**
北京	216 342	186 728	1440	1781	26 394
天津	55 734	42 044	884		12 806
河北	73 242	69 385	21		3836
京津冀占比（%）	**9.1**	**9.5**	**3.0**	**35.5**	**7.9**

表 3–16　京津冀地方部门属研究与开发机构科技产出（2019 年）

项目	全国	京津冀合计	北京	天津	河北	京津冀占比（%）
发表科技论文（篇）	**61 934**	**6553**	3757	1181	1615	**10.6**
# 国外发表	**9700**	**1616**	1409	64	143	**16.7**
出版科技著作（种）	**2649**	**305**	152	71	82	**11.5**
专利申请数（件）	**13 655**	**1098**	586	194	318	**8.0**
# 发明专利	**8394**	**709**	391	124	194	**8.4**

续表

项目	全国	京津冀合计	北京	天津	河北	京津冀占比（%）
有效发明专利（件）	**25 658**	**3000**	2087	345	568	**11.7**
专利所有权转让及许可数（件）	**489**	**30**	18	6	6	**6.1**
专利所有权转让及许可收入（万元）	**15 504**	**1392**	1265	12	115	**9.0**
形成国家或行业标准数（项）	**1163**	**100**	49	6	45	**8.6**

第四部分

工业企业

表 4-1　京津冀规模以上工业企业基本情况（2014—2019 年）

项目	2014 年	2015 年	2016 年	2017 年	2018 年	2019 年
企业数（个）						
全国	**377 868**	**383 153**	**378 599**	**372 729**	**378 440**	**377815**
京津冀合计	**23 974**	**24 378**	**23 302**	**22 307**	**22 432**	**21115**
北京	3686	3548	3340	3231	3197	3121
天津	5489	5525	5198	4286	4292	4813
河北	14 799	15 305	14 764	14 790	14 943	13181
京津冀占比（%）	**6.3**	**6.4**	**6.2**	**6.0**	**5.9**	**5.6**
有研发机构的企业数（个）						
全国	**47 689**	**52 833**	**61 765**	**70 636**	**72 607**	**85274**
京津冀合计	**2269**	**2582**	**2542**	**2191**	**1786**	**2729**
北京	654	661	607	546	483	447
天津	696	891	812	464	403	433
河北	919	1030	1123	1181	900	1849
京津冀占比（%）	**4.8**	**4.9**	**4.1**	**3.1**	**2.5**	**3.2**
有 R&D 活动的企业数（个）						
全国	**63 676**	**73 570**	**86 891**	**102 218**	**104 820**	**129198**
京津冀合计	**4272**	**4613**	**4907**	**5124**	**4262**	**4776**
北京	1140	1141	1155	1192	1127	1127
天津	2046	2084	2051	1714	1387	1298
河北	1086	1388	1701	2218	1748	2351
京津冀占比（%）	**6.7**	**6.3**	**5.6**	**5.0**	**4.1**	**3.7**
R&D 人员全时当量（人年）						
全国	**2 641 578**	**2 638 290**	**2 702 489**	**2 736 244**	**2 981 234**	**3151828**
京津冀合计	**211 917**	**214 516**	**212 450**	**189 735**	**169 165**	**166022**
北京	57 761	50 773	51 143	52 719	46 929	44241
天津	79 014	84 291	78 336	57 881	53 280	45685
河北	75 142	79 452	82 971	79 135	68 956	76096
京津冀占比（%）	**8.0**	**8.1**	**7.9**	**6.9**	**5.7**	**5.3**

续表

项目	2014 年	2015 年	2016 年	2017 年	2018 年	2019 年
R&D 经费内部支出（亿元）						
全国	**9254.3**	**10 013.9**	**10 944.7**	**12 013.0**	**12 954.8**	**13971.1**
京津冀合计	**817.0**	**882.6**	**913.5**	**861.2**	**908.9**	**937.2**
北京	233.5	244.1	254.8	269.1	274.0	285.2
天津	322.8	352.7	350.0	241.1	252.9	213.4
河北	260.7	285.8	308.7	351.0	382.0	438.6
京津冀占比（%）	**8.8**	**8.8**	**8.3**	**7.2**	**7.0**	**6.7**
营业收入（亿元）						
全国	**1 107 033.0**	**1 109 853.0**	**1 158 998.5**	**1 133 160.8**	**1 049 491.0**	**1067397.2**
京津冀合计	**95 367.1**	**92 483.0**	**92 953.8**	**78 816.1**	**79 628.8**	**83483.1**
北京	19 776.7	18 864.9	19 747.0	20 722.0	21 958.8	23419.1
天津	28 382.6	27 970.0	25 888.2	16 144.1	18 107.1	18968.9
河北	47 207.8	45 648.1	47 318.6	41 950.0	39 562.9	41095.1
京津冀占比（%）	**8.6**	**8.3**	**8.0**	**7.0**	**7.6**	**7.8**

表 4-2　京津冀规模以上工业企业生产经营情况（2019 年）

单位：亿元

地区	资产总计	营业收入		利润总额
			# 新产品	
全国	**1 205 868.9**	**1 067 397.2**	**212 060.3**	**65 799.0**
京津冀合计	**121 134.2**	**83 483.1**	**15 551.6**	**5098.1**
北京	52 222.0	23 419.1	5220.2	1710.3
天津	21 644.5	18 968.9	3846.6	1247.7
河北	47 267.7	41 095.1	6484.7	2140.1
京津冀占比（%）	**10.0**	**7.8**	**7.3**	**7.7**

表 4-3 京津冀规模以上工业企业 R&D 人员情况（2019 年）

地区	R&D 人员（人）	#女性	R&D 人员全时当量（人年）	#研究人员
全国	**4 440 550**	**972 400**	**3 151 828**	**971 106**
京津冀合计	**248 647**	**55 674**	**166 022**	**59 900**
北京	65 486	18 118	44 241	20 667
天津	66 307	15 999	45 685	16 286
河北	116 854	21 557	76 096	22 947
京津冀占比（%）	**5.6**	**5.7**	**5.3**	**6.2**

表 4-4 京津冀规模以上工业企业 R&D 经费内部支出情况（2019 年）

单位：亿元

项目	全国	京津冀合计	北京	天津	河北	京津冀占比（%）
R&D 经费内部支出	**13 971.1**	**937.2**	285.2	213.4	438.6	**6.7**
#试验发展支出	**13 566.6**	**881.4**	266.2	208.6	406.6	**6.5**
#日常性支出	**12 918.7**	**840.1**	271.9	190	378.2	**6.5**
#人员劳务费	**4131.1**	**255.9**	116.9	63.6	75.4	**6.2**
资产性支出	**1052.4**	**97.1**	13.2	23.4	60.4	**9.2**
#仪器和设备	**1020.3**	**94.7**	12.9	23.1	58.8	**9.3**
政府资金	**574.8**	**31.4**	19.3	4.0	8.1	**5.5**
企业资金	**13 394.2**	**905.8**	265.9	209.4	430.5	**6.8**
境外资金	**1.3**	**0**		0	0	**1.0**
其他资金	**0.8**	**0**		0	0	**2.3**

表 4-5　京津冀规模以上工业企业 R&D 经费外部支出情况（2019 年）

单位：万元

地区	R&D 经费外部支出	# 对境内研究机构支出	# 对境内高等学校支出
全国	**8 930 340**	**3 138 621**	**603 636**
京津冀合计	**616 123**	**159 956**	**53 272**
北京	289 539	84 671	26 259
天津	149 956	10 268	15 675
河北	176 629	65 017	11 339
京津冀占比（%）	**6.9**	**5.1**	**8.8**

表 4-6　京津冀规模以上工业企业 R&D 项目情况（2019 年）

地区	项目数（项）	项目人员折合全时当量（人年）	项目经费支出（亿元）
全国	**598 072**	**2 925 786**	**14 236.9**
京津冀合计	**31 836**	**152 723**	**910.4**
北京	7671	39 282	301.6
天津	10 825	42 395	201.6
河北	13 340	71 046	407.2
京津冀占比（%）	**5.3**	**5.2**	**6.4**

表 4-7　京津冀规模以上工业企业办研发机构情况（2019 年）

地区	机构数（个）	机构人员（人）	# 博士和硕士	机构经费支出（亿元）	仪器和设备原价（亿元）
全国	**95 459**	**3 416 317**	**429 844**	**12 175.5**	**9424.5**
京津冀合计	**3177**	**171 612**	**29 556**	**694.3**	**441.4**
北京	508	43 260	14 106	246.2	128.1
天津	515	34 410	6077	110.0	96.6
河北	2154	93 942	9373	338.1	216.7
京津冀占比（%）	**3.3**	**5.0**	**6.9**	**5.7**	**4.7**

表 4–8　京津冀规模以上工业企业新产品开发和销售情况（2019 年）

地区	新产品开发项目数（项）	新产品开发经费支出（亿元）	新产品销售收入（亿元）	
				# 出口
全国	**671 799**	**16 985.7**	**212 060.3**	**39 269.3**
京津冀合计	**39 769**	**1141.1**	**15 551.6**	**1906.9**
北京	12 142	424.5	5220.2	706.7
天津	12 714	212.0	3846.6	601.2
河北	14 913	504.6	6484.7	599.0
京津冀占比（%）	**5.9**	**6.7**	**7.3**	**4.9**

表 4–9　京津冀规模以上工业企业专利情况（2019 年）

单位：件

地区	专利申请数		有效发明专利数
		# 发明专利	
全国	**1 059 808**	**398 802**	**1 218 074**
京津冀合计	**59 756**	**24 650**	**90 999**
北京	22 552	11 543	48 656
天津	15 634	4676	20 856
河北	21 570	8431	21 487
京津冀占比（%）	**5.6**	**6.2**	**7.5**

表 4–10　京津冀规模以上工业企业技术获取和技术改造情况（2019 年）

单位：亿元

地区	引进技术经费支出	消化吸收经费支出	购买境内技术经费支出	技术改造经费支出
全国	**476.7**	**96.8**	**537.4**	**3740.2**
京津冀合计	**25.4**	**0.9**	**20.0**	**170.1**
北京	19.0	0.1	11.7	32.7
天津	3.9	0.1	1.5	32.7
河北	2.4	0.7	6.9	104.8
京津冀占比（%）	**5.3**	**1.0**	**3.7**	**4.5**

第五部分

高等学校

表 5-1　京津冀高等学校基本情况（2014—2019 年）

项目	2014 年	2015 年	2016 年	2017 年	2018 年	2019 年
R&D 人员全时当量（人年）						
全国	**334 794**	**354 861**	**360 049**	**382 160**	**410 893**	**565 478**
京津冀合计	**53 771**	**55 865**	**53 364**	**57 703**	**60 126**	**93 271**
北京	33 557	34 460	32 327	35 207	36 546	63 119
天津	11 159	11 369	10 355	10 664	11 752	17 267
河北	9055	10 036	10 682	11 832	11 828	12 885
京津冀占比（%）	**16.1**	**15.7**	**14.8**	**15.1**	**14.6**	**16.5**
R&D 经费内部支出（亿元）						
全国	**898.1**	**998.6**	**1072.2**	**1266.0**	**1457.9**	**1796.6**
京津冀合计	**214.0**	**236.6**	**240.1**	**267.9**	**300.6**	**358.7**
北京	145.7	162.6	160.4	182.8	215.5	280.8
天津	57.1	61.2	63.7	64.1	60.9	52.5
河北	11.2	12.7	15.9	21.0	24.2	25.4
京津冀占比（%）	**23.8**	**23.7**	**22.4**	**21.2**	**20.6**	**20.0**
R&D 课题数（项）						
全国	**766 731**	**841 520**	**894 279**	**966 780**	**1 076 903**	**1 188 769**
京津冀合计	**122 460**	**134 439**	**137 159**	**144 576**	**158 818**	**172 173**
北京	83 455	92 243	91 089	96 187	105 930	115 571
天津	20 268	21 801	22 503	23 157	25 764	27 651
河北	18 737	20 395	23 567	25 232	27 124	28 951
京津冀占比（%）	**16.0**	**16.0**	**15.3**	**15.0**	**14.7**	**14.5**
发表科技论文（篇）						
全国	**1 152 147**	**1 220 467**	**1 267 881**	**1 308 110**	**1 389 912**	**1 447 336**
京津冀合计	**173 134**	**182 167**	**184 357**	**193 795**	**199 354**	**202 143**
北京	115 143	118 985	118 193	127 627	129 562	131 118
天津	28 769	32 619	29 977	28 644	35 322	35 702
河北	29 222	30 563	36 187	37 524	34 470	35 323
京津冀占比（%）	**15.0**	**14.9**	**14.5**	**14.8**	**14.3**	**14.0**

续表

项目	2014 年	2015 年	2016 年	2017 年	2018 年	2019 年
专利申请数（件）						
全国	**149 961**	**190 351**	**236 665**	**277 524**	**320 790**	**340 685**
京津冀合计	**18 534**	**22 206**	**25 838**	**28 785**	**33 252**	**35 588**
北京	11 503	13 363	14 960	15 270	17 479	19 848
天津	5281	5691	6044	7877	10 012	9666
河北	1750	3152	4834	5638	5761	6074
京津冀占比（%）	**12.4**	**11.7**	**10.9**	**10.4**	**10.4**	**10.4**
有效发明专利（件）						
全国	**157 971**	**201 492**	**245 289**	**303 283**	**357 010**	**414 032**
京津冀合计	**35 457**	**46 299**	**49 548**	**60 411**	**66 986**	**76 655**
北京	29 344	38 050	39 047	47 511	52 806	59 498
天津	5023	6223	7004	8409	10 171	12 388
河北	1090	2026	3497	4491	4009	4769
京津冀占比（%）	**22.4**	**23.0**	**20.2**	**19.9**	**18.8**	**18.5**

表 5-2　京津冀高等学校 R&D 人员情况（2019 年）

项目	**全国**	**京津冀合计**	北京	天津	河北	**京津冀占比（%）**
学校数（个）	**2688**	**271**	93	56	122	**10.1**
从业人员（人）	**2 614 318**	**325 544**	172 462	56 325	96 757	**12.5**
R&D 人员合计（人）	**1 233 180**	**199 295**	128 146	35 132	36 017	**16.2**
#女性	**462 421**	**71 720**	39 641	12 308	19 771	**15.5**
#博士毕业	**453 261**	**87 009**	65 325	14 322	7362	**19.2**
#硕士毕业	**473 456**	**63 961**	32 762	12 683	18 516	**13.5**
#本科毕业	**264 539**	**38 710**	21 670	7564	9476	**14.6**
#全时人员	**538 572**	**92 292**	65 732	16 965	9595	**17.1**
R&D 人员全时当量（人年）	**565 478**	**93 271**	63 119	17 267	12 885	**16.5**
#研究人员	**502 611**	**84 289**	56 809	15 857	11 623	**16.8**
基础研究	**266 780**	**39 049**	26 590	7132	5327	**14.6**
应用研究	**258 166**	**49 407**	34 154	8102	7151	**19.1**
试验发展	**40 532**	**4816**	2375	2034	407	**11.9**

表 5-3 京津冀高等学校 R&D 经费内部支出按活动类型分布（2019 年）

单位：万元

地区	R&D 经费内部支出	基础研究	应用研究	试验发展
全国	**17 966 165**	**7 222 426**	**8 793 037**	**1 950 702**
京津冀合计	**3 586 571**	**1 296 016**	**1 956 267**	**334 289**
北京	2 808 088	1 022 847	1 568 146	217 095
天津	524 717	166 375	251 796	106 547
河北	253 766	106 794	136 325	10 647
京津冀占比（%）	**20.0**	**17.9**	**22.2**	**17.1**

表 5-4 京津冀高等学校 R&D 经费内部支出按支出用途分布（2019 年）

单位：万元

地区	R&D 经费内部支出	日常性支出	# 人员劳务费	资产性支出	# 仪器和设备支出
全国	**17 966 165**	**14 412 065**	**3 702 057**	**3 554 100**	**2 594 093**
京津冀合计	**3 586 571**	**3 044 213**	**693 856**	**542 359**	**407 647**
北京	2 808 088	2 427 556	575 512	380 533	297 189
天津	524 717	420 652	67 826	104 065	57 974
河北	253 766	196 006	50 518	57 761	52 484
京津冀占比（%）	**20.0**	**21.1**	**18.7**	**15.3**	**15.7**

表 5-5 京津冀高等学校 R&D 经费内部支出按经费来源分布（2019 年）

单位：万元

地区	R&D 经费内部支出	政府资金	企业资金	国外资金	其他资金
全国	**17 966 165**	**10 485 268**	**4 709 735**	**62 097**	**2 709 065**
京津冀合计	**3 586 571**	**2 050 261**	**1 018 001**	**41 783**	**476 527**
北京	2 808 088	1 674 470	775 680	41 024	316 913
天津	524 717	233 424	180 900	748	109 645
河北	253 766	142 367	61 420	11	49 969
京津冀占比（%）	**20.0**	**19.6**	**21.6**	**67.3**	**17.6**

表 5-6　京津冀高等学校 R&D 课题（2019 年）

地区	R&D 课题数（项）	投入人员（人年）	投入经费（万元）
全国	**1 188 769**	**565 362**	**11 539 736**
京津冀合计	**172 173**	**93 265**	**2 455 527**
北京	115 571	63 118	2 056 048
天津	27 651	17 263	272 881
河北	28 951	12 884	126 598
京津冀占比（%）	**14.5**	**16.5**	**21.3**

表 5-7　京津冀高等学校科技产出情况（2019 年）

项目	全国	京津冀合计	北京	天津	河北	京津冀占比（%）
发表科技论文（篇）	**1 447 336**	**202 143**	131 118	35 702	35 323	**14.0**
# 国外发表	**542 557**	**83 256**	58 870	16 767	7619	**15.3**
出版科技著作（种）	**43 331**	**6631**	4568	724	1339	**15.3**
专利申请数（件）	**340 685**	**35 588**	19 848	9666	6074	**10.4**
# 发明专利	**210 885**	**26 727**	16 799	7258	2670	**12.7**
有效发明专利（件）	**414 032**	**76 655**	59 498	12 388	4769	**18.5**
专利所有权转让及许可数（件）	**9330**	**722**	402	165	155	**7.7**
专利所有权转让及许可收入（万元）	**155 993**	**10 751**	8902	1002	847	**6.9**
形成国家或行业标准数（项）	**941**	**163**	143	3	17	**17.3**

第六部分

高技术产业

表 6–1　京津冀高技术产业基本情况（2014—2019 年）

项目	2014 年	2015 年	2016 年	2017 年	2018 年	2019 年
企业数（个）						
全国	**27 939**	**29 631**	**30 798**	**32 027**	**33 573**	**35 833**
京津冀合计	**1944**	**2029**	**1961**		**1901**	**2014**
北京	805	805	795		799	853
天津	583	591	533	457	452	491
河北	556	633	633		650	670
京津冀占比（%）	**7.0**	**6.8**	**6.4**		**5.7**	**5.6**
研发机构数（个）						
全国	**9785**	**11 265**	**13 741**	**15 696**	**16 052**	**17 969**
京津冀合计	**568**	**619**	**608**	**566**	**490**	**608**
北京	304	313	293	264	228	213
天津	116	139	133	111	103	102
河北	148	167	182	191	159	293
京津冀占比（%）	**5.8**	**5.5**	**4.4**	**3.6**	**3.1**	**3.4**
R&D 人员全时当量（人年）						
全国	**701 440**	**726 983**	**730 681**	**747 310**	**824 567**	**860 961**
京津冀合计	**50 759**	**60 698**	**54 898**	**54 508**	**46 023**	**42 162**
北京	23 741	22 344	23 138	23 611	21 991	20 692
天津	16 062	24 660	17 609	16 234	13 550	11 493
河北	10 956	13 694	14 151	14 663	10 482	9977
京津冀占比（%）	**7.2**	**8.3**	**7.5**	**7.3**	**5.6**	**4.9**
R&D 经费内部支出（亿元）						
全国	**2274.3**	**2626.7**	**2916.7**	**3182.6**	**3559.1**	**3804.0**
京津冀合计	**191.6**	**241.1**	**240.7**	**241.4**	**245.9**	**233.8**
北京	110.8	120.2	129.9	131.8	134.2	147.3
天津	51.0	82.2	69.9	66.5	68.1	52.5
河北	29.8	38.7	40.9	43.1	43.6	34.0
京津冀占比（%）	**8.4**	**9.2**	**8.3**	**7.6**	**6.9**	**6.1**

续表

项目	2014 年	2015 年	2016 年	2017 年	2018 年	2019 年
营业收入（亿元）[①]						
全国	**127 367.7**	**139 968.6**	**153 796.3**	**159 376.0**	**157 001.0**	**158 849.0**
京津冀合计	**9942.3**	**9937.0**	**9907.1**		**9577.0**	**10 146.0**
北京	4151.6	3997.0	4308.5		5314.0	5850.0
天津	4282.0	4234.0	3762.5	2728.7	2667.0	2720.0
河北	1508.7	1706.0	1836.1		1596.0	1576.0
京津冀占比（%）	**7.8**	**7.1**	**6.4**		**6.1**	**6.4**

表 6-2　京津冀高技术产业生产经营及 R&D 项目情况（2019 年）

地区	从业人员平均人数（人）	利润总额（亿元）	出口贸易额（亿美元）	R&D 项目数（项）	R&D 项目经费（亿元）
全国	**12 880 355**	**10 504**	**7307.1**	**126 645**	**3982.8**
京津冀合计	**621 030**	**875**	**321.1**	**7722**	**246.7**
北京	257 393	522	157.5	3412	161.5
天津	178 777	165	133.1	2383	52.6
河北	184 860	189	30.5	1927	32.6
京津冀占比（%）	**4.8**	**8.3**	**4.4**	**6.1**	**6.2**

表 6-3　京津冀高技术产业 R&D 相关情况（2019 年）

地区	有 R&D 活动的企业数（个）	R&D 人员（人）		
			# 全时人员	# 研究人员
全国	**20 465**	**1 147 724**	**910 223**	**419 209**
京津冀合计	**1002**	**57 909**	**46 807**	**25 938**
北京	477	27 004	22 324	13 061
天津	230	16 814	13 573	7684
河北	295	14 091	10 910	5193
京津冀占比（%）	**4.9**	**5.0**	**5.1**	**6.2**

① 2014—2017 年的统计指标为主营业务收入，2018—2019 年的统计指标为营业收入。

表 6-4　京津冀高技术产业新产品开发及销售情况（2019 年）

地区	新产品开发项目数（项）	新产品开发经费支出（亿元）	新产品销售收入（亿元）	
				# 出口
全国	**156 744**	**5407.5**	**59 164.2**	**20 064.1**
京津冀合计	**10 982**	**329.1**	**3636.2**	**1051.7**
北京	5559	216.8	2189.3	557.6
天津	2870	62.5	823.8	342.4
河北	2553	49.8	623.1	151.8
京津冀占比（%）	**7.0**	**6.1**	**6.1**	**5.2**

表 6-5　京津冀高技术产业 R&D 经费情况（2019 年）

单位：亿元

地区	R&D 经费内部支出					R&D 经费外部支出
		# 人员劳务费	# 仪器和设备	# 政府资金	# 企业资金	
全国	**3804.0**	**1556.5**	**324.4**	**258.6**	**3545.2**	**474.5**
京津冀合计	**233.8**	**87.0**	**16.2**	**15.9**	**217.9**	**37.6**
北京	147.3	56.7	6.6	9.7	137.6	19.8
天津	52.5	20.7	6.2	2.2	50.3	10.8
河北	34.0	9.6	3.5	4.0	30.0	6.9
京津冀占比（%）	**6.1**	**5.6**	**5.0**	**6.2**	**6.1**	**7.9**

表 6-6　京津冀高技术产业专利情况（2019 年）

单位：件

地区	专利申请数		有效发明专利数
		# 发明专利	
全国	**302 459**	**162 472**	**471 949**
京津冀合计	**16 813**	**10 024**	**36 405**
北京	9619	6332	27 149
天津	3083	1297	5540
河北	4111	2395	3716
京津冀占比（%）	**5.6**	**6.2**	**7.7**

表 6-7　京津冀高技术产业技术获取及技术改造情况（2019 年）

单位：万元

地区	技术引进经费支出	消化吸收经费支出	购买境内技术经费支出	技术改造经费支出
全国	**1 094 013**	**95 699**	**2 865 748**	**5 620 067**
京津冀合计	**42 881**	**999**	**123 239**	**90 103**
北京	38 880		79 665	15 393
天津	2710	14	6231	49 442
河北	1291	985	37 343	25 268
京津冀占比（%）	**3.9**	**1.0**	**4.3**	**1.6**

表 6-8　京津冀高技术产业企业办研发机构情况（2019 年）

地区	有研发机构的企业数（个）	机构数（个）	机构人员（人）	机构经费支出（亿元）	
					# 仪器和设备
全国	**15 129**	**17 969**	**1 085 182**	**4414.3**	**2233.1**
京津冀合计	**506**	**608**	**42 124**	**176.0**	**105.4**
北京	188	213	17 175	97.9	58.1
天津	85	102	12 125	41.2	23.5
河北	233	293	12 824	36.9	23.9
京津冀占比（%）	**3.3**	**3.4**	**3.9**	**4.0**	**4.7**

表 6-9　京津冀高技术产业投资增长情况（2019 年）

单位：%

地区	全部投资	国有	内资	港澳台投资	外商投资
全国	**17.7**	**1.0**	**20.8**	**2.6**	**5.5**
北京	3.9	53.8	−4.0	16.6	12.2
天津	36.5	105.9	49.6	−41.3	50.2
河北	−3.5	−28.0	−7.2	120.6	26.0

第七部分

企业创新

表 7-1　规模（限额）以上企业创新活动总体情况（2019 年）

项目	全国	京津冀合计	北京	天津	河北	京津冀占比（%）
企业数（个）	**804 920**	**66 915**	28 248	15 737	22 930	**8.3**
开展创新活动企业数（个）	**363 422**	**27 821**	12 690	5996	9135	**7.7**
# 实现创新企业	**335 617**	**25 985**	11 387	5759	8839	**7.7**
# 同时实现 4 种创新企业	**68 273**	**3948**	1534	947	1467	**5.8**
# 既实现产品或工艺创新，也实现组织或营销创新的企业	**149 772**	**10 484**	4605	2313	3566	**7.0**
# 实现产品或工艺创新，未实现组织或营销创新的企业	**56 503**	**4480**	2229	935	1316	**7.9**
# 实现组织或营销创新，未实现产品或工艺创新的企业	**129 342**	**11 021**	4553	2511	3957	**8.5**
在全部企业中占比（%）						
开展创新活动企业	**45.2**	**41.6**	44.9	38.1	39.8	
实现创新企业	**41.7**	**38.8**	40.3	36.6	38.5	
同时实现 4 种创新企业	**8.5**	**5.9**	5.4	6.0	6.4	
既实现产品或工艺创新，也实现组织或营销创新的企业	**18.6**	**15.7**	16.3	14.7	15.6	
实现产品或工艺创新，未实现组织或营销创新的企业	**7.0**	**6.7**	7.9	5.9	5.7	
实现组织或营销创新，未实现产品或工艺创新的企业	**16.1**	**16.5**	16.1	16.0	17.3	

表 7-2　规模以上企业创新活动总体情况（2019 年）

项目	全国	京津冀合计	北京	天津	河北	京津冀占比（%）
企业数（个）	**377 723**	**21 110**	3119	4811	13 180	**5.6**
开展创新活动企业数（个）	**223 737**	**11 186**	2203	2824	6159	**5.0**
# 实现创新企业	**201 431**	**10 681**	2038	2705	5938	**5.3**
# 同时实现 4 种创新企业	**50 875**	**2174**	385	623	1166	**4.3**
# 既实现产品或工艺创新，也实现组织或营销创新的企业	**107 317**	**5305**	1099	1441	2765	**4.9**
# 实现产品或工艺创新，未实现组织或营销创新的企业	**46 631**	**2434**	672	664	1098	**5.2**
# 实现组织或营销创新，未实现产品或工艺创新的企业	**47 483**	**2942**	267	600	2075	**6.2**
在全部企业中占比（%）						
开展创新活动企业	**59.2**	**53.0**	70.6	58.7	46.7	
实现创新企业	**53.3**	**50.6**	65.3	56.2	45.1	
同时实现 4 种创新企业	**13.5**	**10.3**	12.3	12.9	8.8	
既实现产品或工艺创新，也实现组织或营销创新的企业	**28.4**	**25.1**	35.2	30.0	21.0	
实现产品或工艺创新，未实现组织或营销创新的企业	**12.3**	**11.5**	21.5	13.8	8.3	
实现组织或营销创新，未实现产品或工艺创新的企业	**12.6**	**13.9**	8.6	12.5	15.7	

表 7-3　资质等级以上建筑业企业创新活动总体情况（2019 年）

项目	全国	京津冀合计	北京	天津	河北	京津冀占比（%）
企业数（个）	**54 600**	**4604**	2101	995	1508	**8.4**
开展创新活动企业数（个）	**17 400**	**1502**	669	352	481	**8.6**
# 实现创新企业	**16 824**	**1439**	635	337	467	**8.6**
# 同时实现 4 种创新企业	**1924**	**154**	54	44	56	**8.0**
# 既实现产品或工艺创新，也实现组织或营销创新的企业	**5556**	**521**	231	138	152	**9.4**
# 实现产品或工艺创新，未实现组织或营销创新的企业	**1513**	**215**	132	44	39	**14.2**
# 实现组织或营销创新，未实现产品或工艺创新的企业	**9755**	**703**	272	155	276	**7.2**
在全部企业中占比（%）						
开展创新活动企业	**31.9**	**32.6**	31.8	35.4	31.9	
实现创新企业	**30.8**	**31.3**	30.2	33.9	31.0	
同时实现 4 种创新企业	**3.5**	**3.3**	2.6	4.4	3.7	
既实现产品或工艺创新，也实现组织或营销创新的企业	**10.2**	**11.3**	11.0	13.9	10.1	
实现产品或工艺创新，未实现组织或营销创新的企业	**2.8**	**4.7**	6.3	4.4	2.6	
实现组织或营销创新，未实现产品或工艺创新的企业	**17.9**	**15.3**	12.9	15.6	18.3	

表 7–4　规模（限额）以上服务业企业创新活动总体情况（2019 年）

项目	全国	京津冀合计	北京	天津	河北	京津冀占比（%）
企业数（个）	**372 597**	**41 201**	23 028	9931	8242	**11.1**
开展创新活动企业数（个）	**122 285**	**15 133**	9818	2820	2495	**12.4**
# 实现创新企业	**117 362**	**13 865**	8714	2717	2434	**11.8**
# 同时实现 4 种创新企业	**15 474**	**1620**	1095	280	245	**10.5**
# 既实现产品或工艺创新，也实现组织或营销创新的企业	**36 899**	**4658**	3275	734	649	**12.6**
# 实现产品或工艺创新，未实现组织或营销创新的企业	**8359**	**1831**	1425	227	179	**21.9**
# 实现组织或营销创新，未实现产品或工艺创新的企业	**72 104**	**7376**	4014	1756	1606	**10.2**
在全部企业中占比（%）						
开展创新活动企业	**32.8**	**36.7**	42.6	28.4	30.3	
实现创新企业	**31.5**	**33.7**	37.8	27.4	29.5	
同时实现 4 种创新企业	**4.2**	**3.9**	4.8	2.8	3.0	
既实现产品或工艺创新，也实现组织或营销创新的企业	**9.9**	**11.3**	14.2	7.4	7.9	
实现产品或工艺创新，未实现组织或营销创新的企业	**2.2**	**4.4**	6.2	2.3	2.2	
实现组织或营销创新，未实现产品或工艺创新的企业	**19.4**	**17.9**	17.4	17.7	19.5	

表 7-5　规模以上高技术产业（制造业）创新活动总体情况（2019 年）

项目	全国	京津冀合计	北京	天津	河北	京津冀占比（%）
企业数（个）	**35 817**	**2013**	853	490	670	**5.6**
开展创新活动企业数（个）	**29 104**	**1620**	769	376	475	**5.6**
# 实现创新企业	**26 990**	**1524**	702	361	461	**5.6**
# 同时实现 4 种创新企业	**8836**	**377**	140	98	139	**4.3**
# 既实现产品或工艺创新，也实现组织或营销创新的企业	**17 809**	**943**	431	216	296	**5.3**
# 实现产品或工艺创新，未实现组织或营销创新的企业	**6059**	**421**	227	94	100	**6.9**
# 实现组织或营销创新，未实现产品或工艺创新的企业	**3122**	**160**	44	51	65	**5.1**
在全部企业中占比（%）						
开展创新活动企业	**81.3**	**80.5**	90.2	76.7	70.9	
实现创新企业	**75.4**	**75.7**	82.3	73.7	68.8	
同时实现 4 种创新企业	**24.7**	**18.7**	16.4	20.0	20.7	
既实现产品或工艺创新，也实现组织或营销创新的企业	**49.7**	**46.8**	50.5	44.1	44.2	
实现产品或工艺创新，未实现组织或营销创新的企业	**16.9**	**20.9**	26.6	19.2	14.9	
实现组织或营销创新，未实现产品或工艺创新的企业	**8.7**	**7.9**	5.2	10.4	9.7	

表 7–6　规模（限额）以上企业产品和工艺创新分布情况（2019 年）

项目	全国	京津冀合计	北京	天津	河北	京津冀占比（%）
开展产品或工艺创新活动企业数（个）	**251 432**	**18 263**	9033	3750	5480	**7.3**
#实现产品或工艺创新企业	**206 275**	**14 964**	6834	3248	4882	**7.3**
#实现产品创新企业	**155 052**	**10 614**	5060	2257	3297	**6.8**
#实现工艺创新企业	**172 603**	**12 002**	5092	2783	4127	**7.0**
未开展产品或工艺创新活动企业数（个）	**553 488**	**48 652**	19 215	11 987	17 450	**8.8**
在全部企业中占比（%）						
开展产品或工艺创新活动企业	**31.2**	**27.3**	32.0	23.8	23.9	
#实现产品或工艺创新企业	**25.6**	**22.4**	24.2	20.6	21.3	
#实现产品创新企业	**19.3**	**15.9**	17.9	14.3	14.4	
#实现工艺创新企业	**21.4**	**17.9**	18.0	17.7	18.0	

表 7–7　规模以上工业企业产品和工艺创新分布情况（2019 年）

项目	全国	京津冀合计	北京	天津	河北	京津冀占比（%）
开展产品或工艺创新活动企业数（个）	**187 505**	**8675**	2025	2365	4285	**4.6**
#实现产品或工艺创新企业	**153 948**	**7739**	1771	2105	3863	**5.0**
#实现产品创新企业	**119 901**	**5624**	1407	1557	2660	**4.7**
#实现工艺创新企业	**129 533**	**6425**	1323	1805	3297	**5.0**
未开展产品或工艺创新活动企业数（个）	**190 218**	**12 435**	1094	2446	8895	**6.5**
在全部企业中占比（%）						
开展产品或工艺创新活动企业	**49.6**	**41.1**	64.9	49.2	32.5	
#实现产品或工艺创新企业	**40.8**	**36.7**	56.8	43.8	29.3	
#实现产品创新企业	**31.7**	**26.6**	45.1	32.4	20.2	
#实现工艺创新企业	**34.3**	**30.4**	42.4	37.5	25.0	

表 7–8　资质等级以上建筑业企业产品和工艺创新分布情况（2019 年）

项目	全国	京津冀合计	北京	天津	河北	京津冀占比（%）
开展产品或工艺创新活动企业数（个）	**8356**	**861**	429	214	218	**10.3**
#实现产品或工艺创新企业	**7069**	**736**	363	182	191	**10.4**
#实现产品创新企业	**3879**	**399**	192	108	99	**10.3**
#实现工艺创新企业	**6620**	**703**	353	166	184	**10.6**
未开展产品或工艺创新活动企业数（个）	**46 244**	**3743**	1672	781	1290	**8.1**
在全部企业中占比（%）						
开展产品或工艺创新活动企业	**15.3**	**18.7**	20.4	21.5	14.5	
#实现产品或工艺创新企业	**12.9**	**16.0**	17.3	18.3	12.7	
#实现产品创新企业	**7.1**	**8.7**	9.1	10.9	6.6	
#实现工艺创新企业	**12.1**	**15.3**	16.8	16.7	12.2	

表 7–9　规模（限额）以上服务业企业产品和工艺创新分布情况（2019 年）

项目	全国	京津冀合计	北京	天津	河北	京津冀占比（%）
开展产品或工艺创新活动企业数（个）	**55 571**	**8727**	6579	1171	977	**15.7**
#实现产品或工艺创新企业	**45 258**	**6489**	4700	961	828	**14.3**
#实现产品创新企业	**31 272**	**4591**	3461	592	538	**14.7**
#实现工艺创新企业	**36 450**	**4874**	3416	812	646	**13.4**
未开展产品或工艺创新活动企业数（个）	**317 026**	**32 474**	16 449	8760	7265	**10.2**
在全部企业中占比（%）						
开展产品或工艺创新活动企业	**14.9**	**21.2**	28.6	11.8	11.9	
#实现产品或工艺创新企业	**12.1**	**15.7**	20.4	9.7	10.0	
#实现产品创新企业	**8.4**	**11.1**	15.0	6.0	6.5	
#实现工艺创新企业	**9.8**	**11.8**	14.8	8.2	7.8	

表 7-10　规模以上高技术产业（制造业）产品和工艺创新分布情况（2019 年）

项目	全国	京津冀合计	北京	天津	河北	京津冀占比（%）
开展产品或工艺创新活动企业数（个）	**27 334**	**1535**	754	348	433	**5.6**
#实现产品或工艺创新企业	**23 868**	**1364**	658	310	396	**5.7**
#实现产品创新企业	**19 821**	**1096**	539	257	300	**5.5**
#实现工艺创新企业	**19 966**	**1071**	470	261	340	**5.4**
未开展产品或工艺创新活动企业数（个）	**8483**	**478**	99	142	237	**5.6**
在全部企业中占比（%）						
开展产品或工艺创新活动企业	**76.3**	**76.3**	88.4	71.0	64.6	
#实现产品或工艺创新企业	**66.6**	**67.8**	77.1	63.3	59.1	
#实现产品创新企业	**55.3**	**54.4**	63.2	52.4	44.8	
#实现工艺创新企业	**55.7**	**53.2**	55.1	53.3	50.7	

表 7-11　规模（限额）以上企业产品创新开发情况（2019 年）

项目	全国	京津冀合计	北京	天津	河北
实现产品创新企业数（个）	**155 052**	**10 614**	5060	2257	3297
在实现产品创新企业中占比（%）					
本企业独立开发	**86.1**	**84.9**	85.2	83.3	85.7
本企业与集团内企业合作开发	**6.7**	**9.6**	11.7	10.2	6.2
本企业与境内其他企业合作开发	**8.4**	**11.9**	15.0	12.1	7.2
本企业与境内研究机构合作开发	**1.7**	**2.3**	2.8	1.6	1.9
本企业与境内高等学校合作开发	**9.3**	**8.3**	7.9	9.5	8.1
本企业与境外企业或机构合作开发	**2.1**	**2.1**	2.6	2.3	1.2
在其他单位开发的基础上调整或改进	**5.1**	**4.9**	4.7	4.7	5.1
其他企业或机构开发	**3.7**	**4.0**	4.0	4.0	3.9
其他	**5.2**	**3.8**	2.7	4.3	5.3

表 7–12　规模以上工业企业产品创新开发情况（2019 年）

项目	全国	京津冀合计	北京	天津	河北
实现产品创新企业数（个）	**119 901**	**5624**	1407	1557	2660
在实现产品创新企业中占比（%）					
本企业独立开发	**91.4**	**91.0**	90.9	89.3	92.1
本企业与集团内企业合作开发	**5.0**	**7.1**	10.1	8.1	5.0
本企业与境内其他企业合作开发	**6.4**	**8.3**	12.0	8.8	6.1
本企业与境内研究机构合作开发	**1.5**	**1.7**	2.6	1.2	1.5
本企业与境内高等学校合作开发	**9.6**	**8.6**	9.0	9.2	7.9
本企业与境外企业或机构合作开发	**1.9**	**2.0**	3.3	2.6	1.0
在其他单位开发的基础上调整或改进	**3.7**	**3.1**	2.6	3.2	3.3
其他企业或机构开发	**1.6**	**1.6**	1.5	1.9	1.4
其他	**3.3**	**2.3**	0.6	2.6	3.0

表 7–13　资质等级以上建筑业企业产品创新开发情况（2019 年）

项目	全国	京津冀合计	北京	天津	河北
实现产品创新企业数（个）	**3879**	**399**	192	108	99
在实现产品创新企业中占比（%）					
本企业独立开发	**65.2**	**73.2**	78.1	77.8	58.6
本企业与集团内企业合作开发	**14.4**	**19.8**	26.6	16.7	10.1
本企业与境内其他企业合作开发	**16.9**	**18.8**	17.7	23.1	16.2
本企业与境内研究机构合作开发	**3.3**	**4.8**	5.2	2.8	6.1
本企业与境内高等学校合作开发	**15.5**	**21.1**	23.4	18.5	19.2
本企业与境外企业或机构合作开发	**1.4**	**2.5**	2.6	2.8	2.0
在其他单位开发的基础上调整或改进	**16.8**	**12.0**	10.9	9.3	17.2
其他企业或机构开发	**14.1**	**12.8**	8.9	12.0	21.2
其他	**13.9**	**9.3**	7.8	4.6	17.2

表 7-14　规模（限额）以上服务业企业产品创新开发情况（2019 年）

项目	全国	京津冀合计	北京	天津	河北
实现产品创新企业数（个）	**31 272**	**4591**	3461	592	538
在实现产品创新企业中占比（%）					
本企业独立开发	**68.4**	**78.5**	83.3	68.6	58.9
本企业与集团内企业合作开发	**12.2**	**11.8**	11.5	14.5	11.0
本企业与境内其他企业合作开发	**14.9**	**15.8**	16.0	18.8	11.0
本企业与境内研究机构合作开发	**2.2**	**2.7**	2.7	2.5	2.6
本企业与境内高等学校合作开发	**7.4**	**6.8**	6.5	8.4	6.9
本企业与境外企业或机构合作开发	**2.7**	**2.2**	2.3	1.7	1.7
在其他单位开发的基础上调整或改进	**9.1**	**6.4**	5.3	7.8	11.9
其他企业或机构开发	**10.3**	**6.1**	4.7	7.9	13.2
其他	**11.2**	**5.2**	3.2	8.6	14.3

表 7-15　规模以上高技术产业（制造业）产品创新开发情况（2019 年）

项目	全国	京津冀合计	北京	天津	河北
实现产品创新企业数（个）	**19 821**	**1096**	539	257	300
在实现产品创新企业中占比（%）					
本企业独立开发	**91.9**	**90.6**	90.4	88.7	92.7
本企业与集团内企业合作开发	**6.6**	**7.9**	7.8	7.8	8.3
本企业与境内其他企业合作开发	**9.0**	**13.0**	12.1	15.2	13.0
本企业与境内研究机构合作开发	**2.0**	**2.4**	2.8	2.3	1.7
本企业与境内高等学校合作开发	**10.5**	**9.3**	7.8	11.3	10.3
本企业与境外企业或机构合作开发	**2.7**	**2.2**	2.0	3.9	1.0
在其他单位开发的基础上调整或改进	**3.5**	**2.3**	2.2	2.3	2.3
其他企业或机构开发	**1.8**	**1.3**	1.5	1.2	1.0
其他	**3.0**	**1.7**	0.7	3.5	2.0

表 7–16　规模（限额）以上企业工艺创新开发情况（2019 年）

项目	全国	京津冀合计	北京	天津	河北
实现工艺创新企业数（个）	**172 603**	**12 002**	5092	2783	4127
在实现工艺创新企业中占比（%）					
本企业独立开发	**77.5**	**74.3**	72.5	73.1	77.3
本企业与集团内企业合作开发	**7.3**	**9.4**	12.2	9.2	6.1
本企业与境内其他企业合作开发	**10.2**	**13.4**	17.0	12.5	9.4
本企业与境内研究机构合作开发	**1.5**	**1.7**	1.9	1.3	1.8
本企业与境内高等学校合作开发	**8.6**	**7.8**	7.4	8.1	8.0
本企业与境外企业或机构合作开发	**1.7**	**1.7**	2.1	2.3	0.9
在其他单位开发的基础上调整或改进	**7.9**	**8.5**	9.2	8.5	7.6
其他企业或机构开发	**8.3**	**10.4**	12.7	9.9	8.0
其他	**7.3**	**5.9**	4.1	6.7	7.5

表 7–17　规模以上工业企业工艺创新开发情况（2019 年）

项目	全国	京津冀合计	北京	天津	河北
实现工艺创新企业数（个）	**129 533**	**6425**	1323	1805	3297
在实现工艺创新企业中占比（%）					
本企业独立开发	**85.3**	**83.8**	84.7	81.8	84.5
本企业与集团内企业合作开发	**5.8**	**7.1**	10.7	8.1	5.0
本企业与境内其他企业合作开发	**8.6**	**10.1**	14.1	9.9	8.7
本企业与境内研究机构合作开发	**1.5**	**1.6**	1.9	1.3	1.7
本企业与境内高等学校合作开发	**9.2**	**7.9**	7.3	7.9	8.2
本企业与境外企业或机构合作开发	**1.6**	**1.7**	2.6	2.5	0.8
在其他单位开发的基础上调整或改进	**6.0**	**5.9**	5.4	6.2	5.8
其他企业或机构开发	**4.5**	**5.3**	6.5	6.0	4.5
其他	**5.2**	**4.5**	2.0	4.9	5.4

表 7-18　资质等级以上建筑业企业工艺创新开发情况（2019 年）

项目	全国	京津冀合计	北京	天津	河北
实现工艺创新企业数（个）	**6620**	**703**	353	166	184
在实现工艺创新企业中占比（%）					
本企业独立开发	**59.4**	**72.7**	79.3	74.7	58.2
本企业与集团内企业合作开发	**11.7**	**14.5**	18.1	13.3	8.7
本企业与境内其他企业合作开发	**14.5**	**16.9**	18.1	20.5	11.4
本企业与境内研究机构合作开发	**2.5**	**3.3**	4.0	1.2	3.8
本企业与境内高等学校合作开发	**14.5**	**18.6**	20.7	18.1	15.2
本企业与境外企业或机构合作开发	**1.2**	**1.7**	1.7	2.4	1.1
在其他单位开发的基础上调整或改进	**18.4**	**13.8**	13.6	13.3	14.7
其他企业或机构开发	**17.9**	**13.2**	9.6	11.4	21.7
其他	**6.9**	**4.8**	4.2	2.4	8.2

表 7-19　规模（限额）以上服务业企业工艺创新开发情况（2019 年）

项目	全国	京津冀合计	北京	天津	河北
实现工艺创新企业数（个）	**36 450**	**4874**	3416	812	646
在实现工艺创新企业中占比（%）					
本企业独立开发	**52.9**	**62.0**	67.1	53.3	46.1
本企业与集团内企业合作开发	**11.9**	**11.9**	12.2	11.0	11.1
本企业与境内其他企业合作开发	**15.1**	**17.1**	18.1	16.6	12.4
本企业与境内研究机构合作开发	**1.6**	**1.7**	1.7	1.4	1.7
本企业与境内高等学校合作开发	**5.7**	**6.0**	6.1	6.5	5.0
本企业与境外企业或机构合作开发	**2.0**	**1.8**	2.0	1.7	1.2
在其他单位开发的基础上调整或改进	**12.8**	**11.1**	10.2	12.6	14.4
其他企业或机构开发	**20.0**	**16.8**	15.4	18.2	22.3
其他	**13.7**	**7.1**	4.8	10.5	15.3

表 7-20　规模以上高技术产业（制造业）工艺创新开发情况（2019 年）

项目	全国	京津冀合计	北京	天津	河北
实现工艺创新企业数（个）	**19 966**	**1071**	470	261	340
在实现工艺创新企业中占比（%）					
本企业独立开发	**86.4**	**85.0**	85.1	81.6	87.4
本企业与集团内企业合作开发	**7.5**	**9.7**	10.2	10.3	8.5
本企业与境内其他企业合作开发	**11.2**	**13.2**	14.7	14.2	10.3
本企业与境内研究机构合作开发	**1.9**	**2.4**	2.1	3.4	2.1
本企业与境内高等学校合作开发	**10.1**	**8.6**	5.7	8.0	12.9
本企业与境外企业或机构合作开发	**2.1**	**2.1**	2.3	3.8	0.6
在其他单位开发的基础上调整或改进	**5.9**	**5.8**	5.5	6.1	5.9
其他企业或机构开发	**4.7**	**4.8**	5.3	6.1	2.9
其他	**4.6**	**3.3**	1.9	6.5	2.6

表 7-21　规模（限额）以上企业新产品情况（2019 年）

项目	全国	京津冀合计	北京	天津	河北
实现产品创新企业数（个）	**155 052**	**10 614**	5060	2257	3297
在实现产品创新企业中占比（%）					
有市场新产品的企业	**63.0**	**60.3**	57.7	63.9	61.8
有本企业新产品的企业	**100.0**	**100.0**	100.0	100.0	100.0
新产品销售收入（亿元）	**355 925.5**	**40 740.8**	22 928.3	8326.2	9486.3
新产品销售收入占营业收入的比重（%）	**16.2**	**15.6**	16.4	14.3	15.1
仅市场新的产品	**6.6**	**5.0**	5.1	4.6	5.1
仅本企业新的产品	**9.5**	**10.6**	11.2	9.7	10.0

表 7-22　规模以上工业企业新产品情况（2019 年）

项目	全国	京津冀合计	北京	天津	河北
实现产品创新企业数（个）	**119 901**	**5624**	1407	1557	2660
在实现产品创新企业中占比（%）					
有国际市场新产品的企业	**21.1**	**17.9**	15.8	22.0	16.6
有国内市场新产品的企业	**62.4**	**63.5**	65.4	65.7	61.3
有本企业新产品的企业	**100.0**	**100.0**	100.0	100.0	100.0
新产品销售收入（亿元）	**212 060.3**	**15 551.5**	5220.2	3846.6	6484.7
新产品销售收入占营业收入的比重（%）	**19.9**	**18.7**	22.8	20.3	15.8
仅国际市场新的产品	**2.5**	**10.2**	3.3	2.5	0.9
仅国内市场新的产品	**6.8**	**28.3**	7.2	5.3	4.2
仅本企业新的产品	**10.6**	**61.5**	12.3	12.4	10.6

表 7-23　资质等级以上建筑业企业新产品情况（2019 年）

项目	全国	京津冀合计	北京	天津	河北
实现产品创新企业数（个）	**3879**	**399**	192	108	99
在实现产品创新企业中占比（%）					
有市场新产品的企业	**70.0**	**66.4**	62.5	62.0	78.8
有本企业新产品的企业	**100.0**	**100.0**	100.0	100.0	100.0
新产品销售收入（亿元）	**53 209.1**	**7930.9**	5193.1	1462.4	1275.4
新产品销售收入占营业收入的比重（%）	**25.7**	**32.6**	35.0	32.3	25.8
仅市场新的产品	**8.5**	**9.1**	8.4	9.8	10.5
仅本企业新的产品	**17.2**	**19.4**	26.6	22.5	15.3

表 7-24　规模（限额）以上服务业企业新产品情况（2019 年）

项目	全国	京津冀合计	北京	天津	河北
实现产品创新企业数（个）	**31 272**	**4591**	3461	592	538
在实现产品创新企业中占比（%）					
有市场新产品的企业	**64.1**	**55.8**	54.3	59.6	61.5
有本企业新产品的企业	**100.0**	**100.0**	100.0	100.0	100.0
新产品销售收入（亿元）	**90 656.2**	**17 258.4**	12 515.0	3017.2	1726.2
新产品销售收入占营业收入的比重（%）	**9.7**	**11.2**	12.2	8.7	10.2
仅市场新的产品	**3.1**	**0.5**	3.5	2.2	3.5
仅本企业新的产品	**6.7**	**1.3**	8.7	6.5	6.7

表 7-25　规模以上高技术产业（制造业）新产品情况（2019 年）

项目	全国	京津冀合计	北京	天津	河北
实现产品创新企业数（个）	**19 821**	**1096**	539	257	300
在实现产品创新企业中占比（%）					
有国际市场新产品的企业	**26.0**	**18.1**	16.0	24.9	16.0
有国内市场新产品的企业	**67.6**	**66.4**	65.5	70.8	64.3
有本企业新产品的企业	**100.0**	**100.0**	100.0	100.0	100.0
新产品销售收入（亿元）	**59 164.2**	**3636.2**	2189.3	823.8	623.1
新产品销售收入占营业收入的比重（%）	**37.4**	**36.6**	38.8	30.3	39.5
仅国际市场新的产品	**9.5**	**9.0**	9.0	10.4	6.3
仅国内市场新的产品	**12.0**	**11.9**	13.0	8.8	13.4
仅本企业新的产品	**15.9**	**15.7**	16.8	11.0	19.8

表 7-26　资质等级以上建筑业企业工艺创新新颖度类别情况（2019 年）

项目	全国	京津冀合计	北京	天津	河北
实现工艺创新企业数（个）	**6620**	**703**	353	166	184
在实现工艺创新企业中占比（%）					
有市场新工艺的企业	**66.2**	**57.1**	51.3	55.4	69.6
有本企业新工艺的企业	**100.0**	**100.0**	100.0	100.0	100.0
工艺创新贡献的营业收入（亿元）	**77 300.1**	**11 622.9**	7795.1	1964.0	1863.8
工艺创新贡献的营业收入的比重（%）	**37.4**	**47.8**	52.5	43.3	37.7
仅市场新的工艺	**11.7**	**13.8**	14.5	10.9	14.3
仅本企业新的工艺	**25.6**	**34.1**	38.1	32.5	23.4

表 7-27　规模（限额）以上企业产品或工艺创新活动类型（2019 年）

项目	全国	京津冀合计	北京	天津	河北
开展产品或工艺创新活动企业数（个）	**251 432**	**18 263**	9033	3750	5480
在开展产品或工艺创新活动企业中占比（%）					
内部研发	**56.4**	**38.1**	30.7	43.4	46.7
外部研发	**7.6**	**7.5**	8.3	6.8	6.5
获得机器设备和软件	**55.9**	**43.9**	33.1	39.8	64.5
从外部获得相关技术	**3.8**	**4.8**	6.5	3.7	2.9
相关培训	**36.3**	**39.1**	38.2	43.7	37.6
市场推介	**18.0**	**19.1**	19.3	20.1	18.1
相关设计	**17.2**	**14.3**	13.2	16.1	14.8
其他创新活动	**22.6**	**25.0**	25.9	28.7	20.7

表 7-28　规模以上工业企业产品或工艺创新活动类型（2019 年）

项目	全国	京津冀合计	北京	天津	河北
开展产品或工艺创新活动企业数（个）	**187 505**	**8675**	2025	2365	4285
在开展产品或工艺创新活动企业中占比（%）					
内部研发	**68.9**	**55.1**	55.7	54.9	54.9
外部研发	**8.5**	**8.6**	13.1	7.4	7.1
获得机器设备和软件	**66.6**	**67.6**	74.6	48.6	74.7
从外部获得相关技术	**1.9**	**1.8**	2.8	1.4	1.6
相关培训	**34.3**	**40.5**	47.5	44.4	35.1
市场推介	**16.6**	**20.3**	27.4	20.7	16.7
相关设计	**18.9**	**19.8**	25.3	20.6	16.6
其他创新活动	**22.1**	**26.6**	35.4	30.4	20.4

表 7-29　资质等级以上建筑业企业产品或工艺创新活动类型（2019 年）

项目	全国	京津冀合计	北京	天津	河北
开展产品或工艺创新活动企业数（个）	**8356**	**861**	429	214	218
在开展产品或工艺创新活动企业中占比（%）					
内部研发	**22.9**	**27.6**	29.4	32.7	19.3
外部研发	**6.8**	**7.5**	10.0	4.7	5.5
获得机器设备和软件	**34.9**	**34.3**	34.7	33.2	34.4
从外部获得相关技术	**11.1**	**11.6**	13.1	9.3	11.0
相关培训	**49.3**	**51.7**	54.3	53.7	44.5
市场推介	**23.2**	**21.5**	19.1	19.2	28.4
相关设计	**6.7**	**6.4**	6.3	6.1	6.9
其他创新活动	**28.1**	**33.2**	35.9	31.3	29.8

表 7-30　规模（限额）以上服务业企业产品或工艺创新活动类型（2019 年）

项目	全国	京津冀合计	北京	天津	河北
开展产品或工艺创新活动企业数（个）	**55 571**	**8727**	6579	1171	977
在开展产品或工艺创新活动企业中占比（%）					
内部研发	**19.0**	**22.3**	23.1	22.1	17.0
外部研发	**4.9**	**6.4**	6.8	6.0	4.2
获得机器设备和软件	**23.1**	**21.3**	20.2	23.3	26.5
从外部获得相关技术	**8.9**	**7.2**	7.2	7.4	6.9
相关培训	**41.1**	**36.5**	34.3	40.6	46.6
市场推介	**22.0**	**17.7**	16.8	19.0	21.8
相关设计	**13.0**	**9.6**	9.9	8.8	8.4
其他创新活动	**23.6**	**22.5**	22.4	24.9	20.3

表 7-31　规模以上高技术产业（制造业）产品或工艺创新活动类型（2019 年）

项目	全国	京津冀合计	北京	天津	河北
开展产品或工艺创新活动企业数（个）	**27 334**	**917**	348	433	136
在开展产品或工艺创新活动企业中占比（%）					
内部研发	**74.9**	**65.9**	66.1	68.1	58.1
外部研发	**14.9**	**18.2**	16.1	18.0	24.3
获得机器设备和软件	**74.4**	**72.1**	56.3	83.4	76.5
从外部获得相关技术	**2.8**	**2.9**	2.3	3.2	3.7
相关培训	**44.6**	**45.8**	49.1	44.3	41.9
市场推介	**22.7**	**23.8**	28.2	21.7	19.1
相关设计	**25.7**	**23.3**	24.7	22.6	22.1
其他创新活动	**30.8**	**31.5**	41.1	27.0	21.3

表 7-32 规模以上工业企业创新费用支出情况（2019 年）

项目	全国	京津冀合计	北京	天津	河北	京津冀占比（%）
创新费用支出合计（亿元）	**23 184.6**	**1509.5**	494.1	304.7	710.7	**6.5**
内部研发经费支出	**13 971.1**	**937.2**	285.2	213.4	438.6	**6.7**
所占比重（%）	**60.3**	**62.1**	57.7	70.0	61.7	
外部研发经费支出	**893.0**	**61.7**	29.0	15.0	17.7	**6.9**
所占比重（%）	**3.9**	**4.1**	5.9	4.9	2.5	
获得机器设备和软件经费支出	**7306.4**	**465.2**	149.2	70.9	245.1	**6.4**
所占比重（%）	**31.5**	**30.8**	30.2	23.3	34.5	
从外部获取相关技术经费支出	**1014.1**	**45.4**	30.7	5.4	9.3	**4.5**
所占比重（%）	**4.4**	**3.0**	6.2	1.8	1.3	

表 7-33 规模以上高技术产业（制造业）创新费用支出情况（2019 年）

项目	全国	京津冀合计	北京	天津	河北	京津冀占比（%）
创新费用支出合计（亿元）	**6348.1**	**370.7**	231.3	77.7	61.7	**5.8**
内部研发经费支出	**3804.0**	**233.8**	147.3	52.5	34.0	**6.1**
所占比重（%）	**59.9**	**63.1**	63.7	67.6	55.1	
外部研发经费支出	**474.5**	**37.5**	19.8	10.8	6.9	**7.9**
所占比重（%）	**7.5**	**10.1**	8.6	13.9	11.2	
获得机器设备和软件经费支出	**1673.6**	**82.8**	52.3	13.5	17.0	**4.9**
所占比重（%）	**26.4**	**22.3**	22.6	17.4	27.6	
从外部获取相关技术经费支出	**396.0**	**16.6**	11.9	0.9	3.8	**4.2**
所占比重（%）	**6.2**	**4.5**	5.1	1.2	6.2	

表 7-34 规模（限额）以上企业产品或工艺创新信息来源情况（2019 年）

项目	全国	京津冀合计	北京	天津	河北
开展产品或工艺创新活动企业数（个）	**251 432**	**18 263**	9033	3750	5480
在开展产品或工艺创新活动企业中占比（%）					
企业内部信息	**37.4**	**38.1**	37.1	37.8	40.1
企业集团内部信息	**11.3**	**16.3**	17.1	20.5	12.2
来自高等学校的信息	**6.9**	**6.4**	5.6	6.6	7.4
来自研究机构的信息	**9.2**	**9.5**	9.0	8.3	11.1
来自政府部门的信息	**15.2**	**18.7**	19.3	18.1	18.1
来自行业协会的信息	**18.3**	**19.1**	19.3	21.0	17.5
来自供应商的信息	**19.5**	**16.3**	13.0	19.5	19.5
来自客户的信息	**45.6**	**47.6**	48.3	49.8	45.0
来自竞争对手或同行业企业的信息	**22.6**	**24.8**	26.9	25.5	20.8
来自市场咨询机构的信息	**7.0**	**7.6**	8.2	7.7	6.5
来自展会的信息	**15.9**	**12.7**	9.5	14.4	16.8
来自文献、期刊的信息	**3.2**	**4.0**	4.3	4.1	3.4
来自互联网的信息	**12.6**	**15.1**	16.3	12.9	14.5
其他	**5.1**	**4.0**	2.7	3.7	6.5

表 7-35　规模以上工业企业产品或工艺创新信息来源情况（2019 年）

项目	全国	京津冀合计	北京	天津	河北
开展产品或工艺创新活动企业数（个）	**187 505**	**8675**	2025	2365	4285
在开展产品或工艺创新活动企业中占比（%）					
企业内部信息	**37.5**	**39.4**	37.0	38.7	41.0
企业集团内部信息	**9.3**	**14.5**	17.9	19.6	10.2
来自高等学校的信息	**7.1**	**6.7**	5.3	6.4	7.5
来自研究机构的信息	**9.8**	**11.1**	12.0	8.5	12.2
来自政府部门的信息	**12.3**	**15.1**	15.4	14.5	15.3
来自行业协会的信息	**17.4**	**19.0**	21.2	20.3	17.2
来自供应商的信息	**20.5**	**20.0**	17.9	20.7	20.6
来自客户的信息	**46.6**	**51.6**	57.6	54.8	46.9
来自竞争对手或同行业企业的信息	**22.2**	**25.2**	33.4	25.7	21.2
来自市场咨询机构的信息	**6.2**	**6.3**	6.3	7.0	6.0
来自展会的信息	**18.2**	**18.5**	17.4	17.7	19.4
来自文献、期刊的信息	**3.0**	**3.9**	5.3	3.5	3.5
来自互联网的信息	**10.0**	**11.4**	10.8	11.3	11.7
其他	**4.4**	**4.1**	1.8	3.1	5.8

表 7-36　规模（限额）以上企业产品或工艺创新合作开展情况（2019 年）

项目	全国	京津冀合计	北京	天津	河北
开展创新合作的企业数（个）	**164 183**	**11 383**	5302	2450	3631
创新合作企业占全部企业的比重（%）	**20.4**	**17.0**	18.8	15.6	15.8
在开展产品或工艺创新活动企业中，与下列伙伴开展合作的企业占比（%）					
集团内其他企业	**28.0**	**36.0**	41.9	37.7	26.4
高等学校	**28.2**	**29.3**	29.7	28.8	29.0
研究机构	**15.9**	**18.4**	19.4	14.9	19.4
政府部门	**10.2**	**12.1**	13.7	10.6	11.0
行业协会	**19.6**	**18.0**	18.3	16.7	18.3
供应商	**39.1**	**34.4**	31.6	40.1	34.6
客户	**45.7**	**41.0**	41.1	43.7	39.1
竞争对手或同行业企业	**16.2**	**15.4**	17.3	14.2	13.3
市场咨询机构	**12.8**	**12.3**	13.3	13.6	9.9
风险投资机构	**0.7**	**0.7**	0.9	0.6	0.5
其他合作对象	**15.0**	**13.0**	12.9	11.0	14.3

表 7-37 规模以上工业企业产品或工艺创新合作开展情况（2019 年）

项目	全国	京津冀合计	北京	天津	河北
开展创新合作的企业数（个）	**119 614**	**5682**	1338	1546	2798
创新合作企业占全部企业的比重（%）	**31.7**	**26.9**	42.9	32.1	21.2
在开展产品或工艺创新活动企业中，与下列伙伴开展合作的企业占比（%）					
集团内其他企业	**25.0**	**31.3**	42.2	36.1	23.5
高等学校	**29.5**	**31.5**	35.0	30.7	30.2
研究机构	**16.7**	**20.6**	25.5	15.7	21.0
政府部门	**7.8**	**8.3**	8.7	7.1	8.7
行业协会	**18.4**	**16.2**	16.9	14.6	16.8
供应商	**40.9**	**38.5**	37.7	43.2	36.3
客户	**46.9**	**41.6**	41.1	45.9	39.6
竞争对手或同行业企业	**15.0**	**13.1**	13.9	12.7	12.9
市场咨询机构	**11.9**	**10.4**	10.5	12.1	9.5
风险投资机构	**0.5**	**0.3**	0.4	0.3	0.3
其他合作对象	**13.1**	**11.3**	8.5	9.6	13.6

表 7-38 规模（限额）以上企业产品或工艺创新合作伙伴情况（2019 年）

项目	全国	京津冀合计	北京	天津	河北
开展创新合作的企业数（个）	**164 183**	**11 383**	5302	2450	3631
在创新合作企业中，下列合作伙伴对企业创新有较大价值的企业占比（%）					
集团内其他企业	**23.4**	**30.9**	35.9	32.4	22.5
高等学校	**23.4**	**24.4**	24.0	24.0	25.3
研究机构	**12.9**	**14.8**	15.3	11.9	16.0
政府部门	**8.3**	**9.7**	10.8	8.4	9.0
行业协会	**15.6**	**14.0**	14.2	12.1	15.0
供应商	**33.6**	**29.3**	26.8	34.5	29.3
客户	**42.5**	**37.9**	38.3	39.9	35.9
竞争对手或同行业企业	**13.5**	**12.7**	14.8	11.4	10.7
市场咨询机构	**10.0**	**9.4**	10.3	10.7	7.1
风险投资机构	**0.3**	**0.3**	0.4	0.2	0.2
其他合作对象	**11.3**	**10.2**	10.4	8.2	11.3

表 7-39　规模以上工业企业产品或工艺创新合作伙伴情况（2019 年）

项目	全国	京津冀合计	北京	天津	河北
开展创新合作的企业数（个）	**119 614**	**5682**	1338	1546	2798
在创新合作企业中，下列合作伙伴对企业创新有较大价值的企业占比（%）					
集团内其他企业	**20.9**	**26.9**	35.2	31.6	20.3
高等学校	**24.9**	**20.2**	28.1	25.7	26.7
研究机构	**14.0**	**13.7**	20.8	12.8	17.5
政府部门	**6.2**	**4.9**	5.7	5.8	7.1
行业协会	**14.6**	**10.1**	13.8	10.9	13.6
供应商	**35.3**	**23.5**	32.5	37.3	30.8
客户	**43.9**	**27.6**	38.1	42.6	36.4
竞争对手或同行业企业	**12.6**	**8.1**	11.3	9.8	10.7
市场咨询机构	**9.4**	**5.4**	7.5	9.3	7.0
风险投资机构	**0.2**	**0.1**	0.2	0.1	0.2
其他合作对象	**9.8**	**7.1**	6.4	7.1	11.0

表 7-40　规模（限额）以上企业产学研合作形式（2019 年）

项目	全国	京津冀合计	北京	天津	河北
开展产学研合作的企业数（个）	**56 908**	**4123**	1939	822	1362
在创新合作企业中产学研合作企业占比（%）	**34.7**	**36.2**	36.6	33.6	37.5
在产学研合作企业中，以下列为主要合作形式的企业占比（%）					
共同完成科研项目	**68.1**	**74.1**	79.3	78.8	64.0
在企业建立研发机构	**25.9**	**23.2**	19.1	25.3	27.7
在高等学校或研究机构中设立研发机构	**9.7**	**8.5**	10.0	6.8	7.3
聘用高等学校或研究机构人员到企业兼职	**30.7**	**27.0**	24.5	29.4	29.2
其他形式	**26.9**	**23.3**	21.0	22.4	27.0

表 7-41 规模以上工业企业产学研合作形式（2019 年）

项目	全国	京津冀合计	北京	天津	河北
开展产学研合作的企业数（个）	**43 794**	**2270**	607	551	1112
在创新合作企业中产学研合作企业占比（%）	**36.6**	**40.0**	45.4	35.6	39.7
在产学研合作企业中，以下列为主要合作形式的企业占比（%）					
共同完成科研项目	**67.8**	**71.6**	80.1	78.9	63.3
在企业建立研发机构	**25.7**	**24.1**	18.6	23.4	27.4
在高等学校或研究机构中设立研发机构	**8.8**	**7.4**	9.4	6.4	6.7
聘用高等学校或研究机构人员到企业兼职	**30.1**	**26.8**	21.4	30.7	27.8
其他形式	**25.7**	**22.8**	18.5	21.4	25.8

表 7-42 规模（限额）以上企业产品或工艺创新活动阻碍因素情况（2019 年）

项目	全国	京津冀合计	北京	天津	河北
在全部企业中，下列各项是创新主要阻碍因素的企业占比（%）					
缺乏内部资金	**10.6**	**9.3**	9.3	8.9	9.6
缺乏风险投资	**7.2**	**6.1**	6.0	5.4	6.7
缺乏银行贷款	**11.2**	**9.9**	8.4	10.4	11.5
创新成本过高	**21.5**	**19.2**	22.2	16.5	17.5
缺乏人才或人才流失	**29.5**	**26.8**	27.4	22.1	29.1
缺乏技术信息	**17.9**	**15.0**	13.6	12.6	18.4
缺乏市场信息	**10.7**	**10.2**	10.2	9.3	10.8
难以找到创新合作伙伴	**7.0**	**6.2**	6.8	5.5	5.8
市场已被占领	**3.1**	**3.0**	3.5	3.0	2.4
不能确定市场需求	**12.7**	**11.3**	11.9	10.0	11.6
创新成果易被低成本模仿	**5.7**	**4.9**	5.6	4.4	4.3
没有创新的必要	**17.1**	**17.8**	17.1	18.3	18.4

表 7-43　规模以上工业企业产品或工艺创新活动阻碍因素情况（2019 年）

项目	全国	京津冀合计	北京	天津	河北
在全部企业中，下列各项是创新主要阻碍因素的企业占比（%）					
缺乏内部资金	**11.4**	**10.3**	11.6	9.7	10.2
缺乏风险投资	**7.8**	**7.0**	5.2	6.1	7.7
缺乏银行贷款	**13.4**	**13.2**	10.5	12.9	13.9
创新成本过高	**28.1**	**25.3**	35.7	27.4	22.1
缺乏人才或人才流失	**36.8**	**34.9**	42.7	31.8	34.1
缺乏技术信息	**23.7**	**22.4**	22.5	20.6	23.0
缺乏市场信息	**11.3**	**11.5**	13.3	11.1	11.2
难以找到创新合作伙伴	**7.3**	**6.4**	8.3	6.0	6.2
市场已被占领	**2.7**	**2.2**	3.3	2.9	1.7
不能确定市场需求	**15.3**	**13.9**	16.3	13.4	13.4
创新成果易被低成本模仿	**8.1**	**7.4**	11.6	8.2	6.1
没有创新的必要	**13.4**	**14.5**	12.0	14.0	15.3

表 7-44　规模（限额）以上企业知识产权及相关情况（2019 年）

项目	全国	京津冀合计	北京	天津	河北
采取了知识产权保护或相关措施的企业数（个）	**445 879**	**33 530**	14 321	7625	11 584
采取了知识产权保护或相关措施的企业占全部企业的比重（%）	**55.4**		50.7	48.5	50.5
在全部企业中，采取下列知识产权保护或相关措施的企业占比（%）					
申请了发明专利	**7.5**	**6.7**	8.1	6.1	5.4
申请了实用新型或外观设计专利	**9.7**	**7.8**	8.0	8.6	7.0
申请了注册商标	**11.2**	**9.4**	10.5	6.8	9.7
进行了版权登记	**3.1**	**4.7**	8.7	2.4	1.4
形成了国家或行业技术标准	**6.4**	**5.3**	6.0	5.7	4.2
对技术秘密进行内部保护	**13.6**	**12.8**	13.9	11.8	12.0
应用了难以复制的复杂技术	**2.8**	**2.1**	2.2	2.1	2.0
发挥了时间上的先发优势	**21.8**	**19.5**	16.1	20.2	23.3
年末拥有有效发明专利数（件）	**1 540 616**	**214 659**	160 834	28 377	25 448

表 7-45　规模以上工业企业知识产权及相关情况（2019 年）

项目	全国	京津冀合计	北京	天津	河北
采取了知识产权保护或相关措施的企业数（个）	**253 727**	**13 065**	2307	3314	7444
采取了知识产权保护或相关措施的企业占全部企业的比重（%）	**67.2**	**61.9**	74.0	68.9	56.5
在全部企业中，采取下列知识产权保护或相关措施的企业占比（%）					
申请了发明专利	**13.5**	**12.8**	26.6	15.6	8.5
申请了实用新型或外观设计专利	**18.2**	**16.3**	29.7	22.4	10.9
申请了注册商标	**15.4**	**13.7**	14.5	12.2	14.0
进行了版权登记	**2.7**	**2.7**	7.8	2.8	1.5
形成了国家或行业技术标准	**8.3**	**6.4**	12.2	9.6	3.9
对技术秘密进行内部保护	**19.7**	**19.4**	28.7	22.4	16.0
应用了难以复制的复杂技术	**3.8**	**3.1**	4.5	4.1	2.4
发挥了时间上的先发优势	**19.3**	**18.7**	14.4	16.0	20.7
年末拥有有效发明专利数（件）	**1 218 074**	**90 999**	48 656	20 856	21 487
对主要的主营产品拥有品牌所有权的企业占全部企业的比重（%）	**33.1**	**35.5**	48.9	34.5	32.7
#该品牌由本企业独立开发的企业占全部企业的比重	**30.0**	**31.8**	44.9	30.2	29.2

表 7–46　规模（限额）以上企业组织和营销创新情况（2019 年）

项目	全国	京津冀合计	北京	天津	河北	京津冀占比（%）
实现组织或营销创新企业数（个）	**279 114**	**21 505**	9158	4824	7523	**7.7**
# 实现组织创新企业	**222 011**	**17 149**	7245	3907	5997	**7.7**
# 实现营销创新企业	**205 342**	**14 492**	5871	3151	5470	**7.1**
在全部企业中占比（%）						
实现组织或营销创新企业	**34.7**	**32.1**	32.4	30.7	32.8	
# 实现组织创新企业	**27.6**	**25.6**	25.6	24.8	26.2	
# 实现营销创新企业	**25.5**	**21.7**	20.8	20.0	23.9	
# 同时实现组织和营销创新企业	**18.4**	**15.1**	14.0	14.2	17.2	
# 仅实现组织创新企业	**9.2**	**10.5**	11.6	10.6	9.0	
# 仅实现营销创新企业	**7.1**	**6.5**	6.8	5.8	6.7	

表 7–47　规模以上工业企业组织和营销创新情况（2019 年）

项目	全国	京津冀合计	北京	天津	河北	京津冀占比（%）
实现组织或营销创新企业数（个）	**154 800**	**8247**	1366	2041	4840	**5.3**
# 实现组织创新企业	**122 822**	**6576**	1081	1670	3825	**5.4**
# 实现营销创新企业	**119 712**	**6011**	918	1417	3676	**5.0**
在全部企业中占比（%）						
实现组织或营销创新企业	**41.0**	**39.1**	43.8	42.4	36.7	
# 实现组织创新企业	**32.5**	**31.2**	34.7	34.7	29.0	
# 实现营销创新企业	**31.7**	**28.5**	29.4	29.5	27.9	
# 同时实现组织和营销创新企业	**23.2**	**20.6**	20.3	21.7	20.2	
# 仅实现组织创新企业	**9.3**	**10.6**	14.4	13.0	8.8	
# 仅实现营销创新企业	**8.5**	**7.9**	9.1	7.7	7.7	

表 7-48　资质等级以上建筑业企业组织和营销创新情况（2019 年）

项目	全国	京津冀合计	北京	天津	河北	京津冀占比（%）
实现组织或营销创新企业数（个）	**15 311**	**1224**	503	293	428	**8.0**
# 实现组织创新企业	**14 371**	**1131**	457	272	402	**7.9**
# 实现营销创新企业	**6419**	**477**	185	115	177	**7.4**
在全部企业中占比（%）						
实现组织或营销创新企业	**28.0**	**26.6**	23.9	29.4	28.4	
# 实现组织创新企业	**26.3**	**24.6**	21.8	27.3	26.7	
# 实现营销创新企业	**11.8**	**10.4**	8.8	11.6	11.7	
# 同时实现组织和营销创新企业	**10.0**	**8.3**	6.6	9.4	10.0	
# 仅实现组织创新企业	**16.3**	**16.2**	15.1	17.9	16.6	
# 仅实现营销创新企业	**1.7**	**2.0**	2.2	2.1	1.7	

表 7-49　规模（限额）以上服务业企业组织和营销创新情况（2019 年）

项目	全国	京津冀合计	北京	天津	河北	京津冀占比（%）
实现组织或营销创新企业数（个）	**109 003**	**12 034**	7289	2490	2255	**11.0**
# 实现组织创新企业	**84 818**	**9442**	5707	1965	1770	**11.1**
# 实现营销创新企业	**79 211**	**8004**	4768	1619	1617	**10.1**
在全部企业中占比（%）						
实现组织或营销创新企业	**29.3**	**29.2**	31.7	25.1	27.4	
# 实现组织创新企业	**22.8**	**22.9**	24.8	19.8	21.5	
# 实现营销创新企业	**21.3**	**19.4**	20.7	16.3	19.6	
# 同时实现组织和营销创新企业	**14.8**	**13.1**	13.8	11.0	13.7	
# 仅实现组织创新企业	**8.0**	**9.8**	10.9	8.8	7.7	
# 仅实现营销创新企业	**6.5**	**6.3**	6.9	5.3	5.9	

表 7–50　规模以上高技术产业（制造业）组织和营销创新情况（2019 年）

项目	全国	京津冀合计	北京	天津	河北	京津冀占比（%）
实现组织或营销创新企业数（个）	**20 931**	**1103**	475	267	361	**5.3**
# 实现组织创新企业	**17 176**	**884**	366	222	296	**5.1**
# 实现营销创新企业	**16 415**	**787**	324	181	282	**4.8**
在全部企业中占比（%）						
实现组织或营销创新企业	**58.4**	**54.8**	55.7	54.5	53.9	
# 实现组织创新企业	**48.0**	**43.9**	42.9	45.3	44.2	
# 实现营销创新企业	**45.8**	**39.1**	38.0	36.9	42.1	
# 同时实现组织和营销创新企业	**35.3**	**28.2**	25.2	27.8	32.4	
# 仅实现组织创新企业	**12.6**	**15.7**	17.7	17.6	11.8	
# 仅实现营销创新企业	**10.5**	**10.9**	12.8	9.2	9.7	

第八部分

创新产出

表 8-1　京津冀国内发明专利申请受理数按地区分布（2014—2019 年）

单位：件

地区	2014 年	2015 年	2016 年	2017 年	2018 年	2019 年
全国	**801 135**	**968 251**	**1 204 981**	**1 245 709**	**1 393 815**	**1 243 568**
京津冀合计	**109 852**	**128 699**	**156 937**	**138 801**	**163 279**	**175 040**
北京	78 129	88 930	104 643	99 167	117 664	129 930
天津	23 391	28 510	38 153	25 652	26 661	24 574
河北	8332	11 259	14 141	13 982	18 954	20 536
京津冀占比（%）	**13.7**	**13.3**	**13.0**	**11.1**	**11.7**	**14.1**

表 8-2　京津冀国内实用新型专利申请受理数按地区分布（2014—2019 年）

单位：件

地区	2014 年	2015 年	2016 年	2017 年	2018 年	2019 年
全国	**861 053**	**1 119 714**	**1 468 295**	**1 679 807**	**2 063 860**	**2 259 765**
京津冀合计	**99 989**	**124 734**	**158 338**	**161 209**	**188 213**	**201 690**
北京	48 228	53 243	64 496	68 400	70 507	73 021
天津	35 068	46 845	63 589	56 675	66 535	64 871
河北	16 693	24 646	30 253	36 134	51 171	63 798
京津冀占比（%）	**11.6**	**11.1**	**10.8**	**9.6**	**9.1**	**8.9**

表 8-3　京津冀国内外观设计专利申请受理数按地区分布（2014—2019 年）

单位：件

地区	2014 年	2015 年	2016 年	2017 年	2018 年	2019 年
全国	**548 428**	**551 481**	**631 949**	**610 817**	**689 097**	**691 771**
京津冀合计	**21 692**	**26 902**	**35 206**	**34 202**	**42 543**	**46 702**
北京	11 754	14 139	19 990	18 361	23 041	23 162
天津	4963	4608	4772	4669	5842	6600
河北	4975	8155	10 444	11 172	13 660	16 940
京津冀占比（%）	**4.0**	**4.9**	**5.6**	**5.6**	**6.2**	**6.8**

表 8-4　京津冀国内发明专利申请授权数按地区分布（2014—2019 年）

单位：件

地区	2014 年	2015 年	2016 年	2017 年	2018 年	2019 年
全国	**162 680**	**263 436**	**302 136**	**326 970**	**345 959**	**360 919**
京津冀合计	**28 802**	**43 772**	**50 034**	**56 862**	**57 730**	**63 282**
北京	23 237	35 308	40 602	46 091	46 978	53 127
天津	3279	4624	5185	5844	5626	5025
河北	2286	3840	4247	4927	5126	5130
京津冀占比（%）	**17.7**	**16.6**	**16.6**	**17.4**	**16.7**	**17.5**

表 8-5　京津冀国内实用新型专利申请授权数按地区分布（2014—2019 年）

单位：件

地区	2014 年	2015	2016 年	2017 年	2018 年	2019 年
全国	**699 971**	**868 734**	**897 035**	**967 416**	**1 471 759**	**1 574 205**
京津冀合计	**78 446**	**93 362**	**95 518**	**100 205**	**140 112**	**147 207**
北京	44 071	45 773	44 710	46 011	59 219	58 393
天津	20 122	28 486	31 046	32 353	44 683	48 252
河北	14 253	19 103	19 762	21 841	36 210	40 562
京津冀占比（%）	**11.2**	**10.7**	**10.6**	**10.4**	**9.5**	**9.4**

表 8-6　京津冀国内外观设计专利申请授权数按地区分布（2014—2019 年）

单位：件

地区	2014 年	2015 年	2016 年	2017 年	2018 年	2019 年
全国	**346 751**	**464 807**	**429 710**	**426 442**	**517 693**	**539 282**
京津冀合计	**13 896**	**24 369**	**26 586**	**26 904**	**32 228**	**36 835**
北京	7353	12 950	15 266	14 846	17 299	20 196
天津	2950	4232	3503	3478	4371	4522
河北	3593	7187	7817	8580	10 558	12 117
京津冀占比（%）	**4.0**	**5.2**	**6.2**	**6.3**	**6.2**	**6.8**

表 8-7　京津冀国内有效发明专利数按地区分布（2014—2019 年）

单位：件

地区	2014 年	2015 年	2016 年	2017 年	2018 年	2019 年
全国	**708 690**	**921 757**	**1 158 203**	**1 413 911**	**1 662 269**	**1 926 122**
京津冀合计	**127 440**	**163 812**	**205 140**	**255 420**	**298 287**	**347 882**
北京	103 638	133 040	166 722	205 320	241 282	284 288
天津	14 736	18 493	22 663	28 601	32 066	34 726
河北	9066	12 279	15 755	21 499	24 939	28 868
京津冀占比（%）	**18.0**	**17.8**	**17.7**	**18.1**	**17.9**	**18.1**

表 8-8　京津冀国内有效实用新型专利数按地区分布（2014—2019 年）

单位：件

地区	2014 年	2015 年	2016 年	2017 年	2018 年	2019 年
全国	**2 265 224**	**2 700 833**	**3 118 410**	**3 563 389**	**4 359 926**	**5 214 362**
京津冀合计	**248 102**	**306 911**	**362 009**	**415 950**	**491 548**	**570 847**
北京	143 723	175 610	203 533	231 317	263 909	291 646
天津	58 611	73 557	89 667	103 917	123 971	149 930
河北	45 768	57 744	68 809	80 716	103 668	129 271
京津冀占比（%）	**11.0**	**11.4**	**11.6**	**11.7**	**11.3**	**10.9**

表 8-9　京津冀国内有效外观设计专利数按地区分布（2014—2019 年）

单位：件

地区	2014 年	2015 年	2016 年	2017 年	2018 年	2019 年
全国	**1 058 448**	**1 169 766**	**1 250 570**	**1 346 915**	**1 495 596**	**1 671 586**
京津冀合计	**49 282**	**64 328**	**80 450**	**96 768**	**108 937**	**128 647**
北京	27 306	36 266	47 411	58 304	64 738	77 119
天津	10 281	11 725	12 113	12 388	12 842	14 290
河北	11 695	16 337	20 926	26 076	31 357	37 238
京津冀占比（%）	**4.7**	**5.5**	**6.4**	**7.2**	**7.3**	**7.7**

表 8-10　京津冀国防专利情况（2014—2019 年）

单位：件

项目	2014 年	2015 年	2016 年	2017 年	2018 年	2019 年
国防专利申请数						
全国	**4962**	**12 749**	**13 028**	**12 283**	**14 045**	**15 521**
京津冀合计	**1960**	**4777**	**4661**	**4465**	**5059**	**5413**
北京	1849	4227	4167	3968	4502	4880
天津	17	282	281	290	254	316
河北	94	268	213	207	303	217
京津冀占比（%）	**39.5**	**37.5**	**35.8**	**36.4**	**36.0**	**34.9**
国防专利授权数						
全国	**10 108**	**10 786**	**6830**	**7243**	**5748**	**6188**
京津冀合计	**3935**	**4515**	**2720**	**2769**	**2236**	**2303**
北京	3572	4087	2526	2495	1915	2144
天津	205	176	75	133	191	86
河北	158	252	119	141	130	73
京津冀占比（%）	**38.9**	**41.9**	**39.8**	**38.2**	**38.9**	**37.2**
国防有效专利数						
全国	**24 336**	**34 575**	**40 812**	**40 964**	**43 634**	**48 264**
京津冀合计	**9607**	**13 998**	**16 526**	**16 926**	**18 152**	**20 013**
北京	8845	12 819	15 164	15 443	16 450	18 247
天津	386	561	631	735	886	989
河北	376	618	731	748	816	777
京津冀占比（%）	**39.5**	**40.5**	**40.5**	**41.3**	**41.6**	**41.5**

表 8-11　京津冀商标注册申请与注册情况（2019 年）

单位：件

地区	申请数	核准注册	1991—2018 年核准注册商标	截至 2018 年年底有效注册量
全国	**7 582 356**	**6 177 791**	**26 370 359**	**23 543 513**
京津冀合计	**854 288**	**728 237**	**3 192 773**	**2 847 548**
北京	546 590	474 645	2 136 296	1 921 978
天津	73 310	56 538	288 702	245 828
河北	234 388	197 054	767 775	679 742
京津冀占比（%）	**11.3**	**11.8**	**12.1**	**12.1**

表 8-12　京津冀技术市场技术开发合同按地域分布情况（合同数）（2014—2019 年）

单位：项

地区	2014 年	2015 年	2016 年	2017 年	2018 年	2019 年
全国	**148 946**	**153 433**	**148 582**	**169 466**	**180 431**	**198 105**
京津冀合计	**31 443**	**32 746**	**33 089**	**33 860**	**37 980**	**36 758**
北京	24 144	25 857	26 465	25 936	29 496	28 888
天津	4515	4078	3969	4685	4329	3787
河北	2784	2811	2655	3239	4155	4083
京津冀占比（%）	**21.1**	**21.3**	**22.3**	**20.0**	**21.0**	**18.6**

表 8-13　京津冀技术市场技术转让合同按地域分布情况（合同数）（2014—2019 年）

单位：项

地区	2014 年	2015 年	2016 年	2017 年	2018 年	2019 年
全国	**12 499**	**12 787**	**12 556**	**16 698**	**15 381**	**16 953**
京津冀合计	**1770**	**1533**	**1576**	**2101**	**1723**	**1803**
北京	821	829	858	1121	907	971
天津	398	375	360	574	328	315
河北	551	329	358	406	488	517
京津冀占比（%）	**14.2**	**12.0**	**12.6**	**12.6**	**11.2**	**10.6**

表 8-14　京津冀技术市场技术咨询合同按地域分布情况（合同数）（2014—2019 年）

单位：项

地区	2014 年	2015 年	2016 年	2017 年	2018 年	2019 年
全国	**27 911**	**33 559**	**24 447**	**26 735**	**29 828**	**31 215**
京津冀合计	**4450**	**4889**	**4629**	**4604**	**4594**	**4489**
北京	2441	3246	3404	3051	3391	3380
天津	1646	1331	847	1023	624	488
河北	363	312	378	530	579	621
京津冀占比（%）	**15.9**	**14.6**	**18.9**	**17.2**	**15.4**	**14.4**

表 8-15　京津冀技术市场技术服务合同按地域分布情况（合同数）（2014—2019 年）

单位：项

地区	2014 年	2015 年	2016 年	2017 年	2018 年	2019 年
全国	**107 681**	**107 353**	**134 852**	**134 852**	**186 345**	**237 804**
京津冀合计	**27 061**	**26 400**	**32 754**	**32 754**	**36 797**	**44 688**
北京	19 609	20 208	24 753	24 753	27 419	31 898
天津	5035	3655	4436	4436	4028	6687
河北	2417	2537	3565	3565	5350	6103
京津冀占比（%）	**25.1**	**24.6**	**24.3**	**24.3**	**19.7**	**18.8**

表 8-16　京津冀技术市场技术开发合同按地域分布情况（合同金额）（2014—2019 年）

单位：亿元

地区	2014 年	2015 年	2016 年	2017 年	2018 年	2019 年
全国	**2949.0**	**3047.2**	**3479.6**	**4748.5**	**5888.5**	**7177.3**
京津冀合计	**708.2**	**609.2**	**678.5**	**764.8**	**1013.8**	**1103.4**
北京	575.8	501.6	582.4	641.1	831.9	931.3
天津	87.8	70.4	58.7	46.7	65.5	53.2
河北	44.6	37.2	37.5	76.9	116.4	118.9
京津冀占比（%）	**24.0**	**20.0**	**19.5**	**16.1**	**17.2**	**15.4**

表 8-17　京津冀技术市场技术转让合同按地域分布情况（合同金额）（2014—2019 年）

单位：亿元

地区	2014 年	2015 年	2016 年	2017 年	2018 年	2019 年
全国	**1137.2**	**1466.5**	**1607.9**	**1400.3**	**1609.7**	**2188.9**
京津冀合计	**102.9**	**107.2**	**122.9**	**246.2**	**239.1**	**664.8**
北京	35.2	41.7	38.3	127.0	146.3	615.4
天津	41.2	47.8	63.7	94.7	62.5	23.7
河北	26.6	17.7	20.8	24.5	30.3	25.7
京津冀占比（%）	**9.1**	**7.3**	**7.6**	**17.6**	**14.9**	**30.4**

表 8-18　京津冀技术市场技术咨询合同按地域分布情况（合同金额）（2014—2019 年）

单位：亿元

地区	2014 年	2015 年	2016 年	2017 年	2018 年	2019 年
全国	**244.3**	**263.1**	**468.3**	**449.2**	**564.6**	**614.1**
京津冀合计	**78.6**	**58.3**	**122.8**	**191.7**	**68.0**	**77.4**
北京	58.1	42.8	80.9	137.6	41.5	38.4
天津	14.9	12.4	30.4	44.9	11.2	18.2
河北	5.5	3.1	11.4	9.1	15.4	20.8
京津冀占比（%）	**32.2**	**22.1**	**26.2**	**42.7**	**12.0**	**12.6**

表 8-19　京津冀技术市场技术服务合同按地域分布情况（合同金额）（2014—2019 年）

单位：亿元

地区	2014 年	2015 年	2016 年	2017 年	2018 年	2019 年
全国	**4246.7**	**5059.0**	**5851.1**	**6826.2**	**9634.6**	**12 418.1**
京津冀合计	**838.6**	**848.9**	**1402.6**	**1409.4**	**1769.5**	**2423.3**
北京	565.6	561.5	1051.6	981.8	1227.5	1638.8
天津	196.8	200.2	236.3	234.9	208.4	366.4
河北	76.2	87.3	114.6	192.7	333.6	418.2
京津冀占比（%）	**19.7**	**16.8**	**24.0**	**20.6**	**18.4**	**19.5**

表 8-20　京津冀国外技术引进合同情况（2019 年）

地区	合同数（项）	合同金额（亿美元）	
			# 技术费
全国	**7360**	**352.0**	**314.3**
京津冀合计	**674**	**77.8**	**48.4**
北京	479	68.8	39.4
天津	119	7.5	7.5
河北	76	1.5	1.5
京津冀占比（%）	**9.2**	**22.1**	**15.4**

第九部分

国家高新技术产业开发区

表 9-1　京津冀国家高新区基本情况（2014—2019 年）

项目	2014 年	2015 年	2016 年	2017 年	2018 年	2019 年
国家高新区数（个）						
全国	**115**	**146**	**146**	**156**	**169**	**169**
京津冀合计	**7**	**7**	**7**	**7**	**7**	**7**
北京	1	1	1	1	1	1
天津	1	1	1	1	1	1
河北	5	5	5	5	5	5
京津冀占比（%）	**6.1**	**4.8**	**4.8**	**4.5**	**4.1**	**4.1**
工商注册企业数（个）						
全国	**763 191**	**964 750**	**1 405 173**	**1 852 665**	**2 317 764**	**2 866 714**
京津冀合计	**202 092**	**218 606**	**436 323**	**509 587**	**551 899**	**565 607**
北京	176 398	188 398	398 845	459 311	482 799	480 135
天津	8289	9076	10 790	15 211	25 791	36 016
河北	17 405	21 132	26 688	35 065	43 309	49 456
京津冀占比（%）	**26.5**	**22.7**	**31.1**	**27.5**	**23.8**	**19.7**
入统企业数（个）						
全国	**74 275**	**82 712**	**91 093**	**103 631**	**120 057**	**141 147**
京津冀合计	**20 286**	**22 022**	**25 373**	**27 801**	**28 675**	**32 196**
北京	15 645	16 693	19 869	22 013	22 110	24 892
天津	3437	3963	4005	4073	4251	4357
河北	1204	1366	1499	1715	2314	2947
京津冀占比（%）	**27.3**	**26.6**	**27.9**	**26.8**	**23.8**	**22.8**
科技活动人员（人）						
全国	**2 826 037**	**3 117 292**	**3 385 933**	**3 783 964**	**4 280 661**	**4 659 444**
京津冀合计	**548 283**	**722 562**	**788 586**	**860 744**	**905 601**	**983 611**
北京	433 410	604 674	660 727	735 847	784 720	863 167
天津	62 850	61 646	66 787	63 185	55 768	54 244
河北	52 023	56 242	61 072	61 712	65 113	66 200
京津冀占比（%）	**19.4**	**23.2**	**23.3**	**22.7**	**21.2**	**21.1**

续表

项目	2014年	2015年	2016年	2017年	2018年	2019年
R&D人员全时当量（人年）						
全国	**1 212 774**	**1 130 382**	**1 283 327**	**1 590 137**	**1 772 053**	**1 819 811**
京津冀合计	**179 403**	**185 496**	**213 751**	**226 927**	**218 039**	**230 786**
北京	125 597	138 391	148 982	182 450	166 350	188 989
天津	21 761	21 013	29 083	24 309	25 158	21 235
河北	32 045	26 092	35 686	20 168	26 531	20 562
京津冀占比（%）	**14.8**	**16.4**	**16.7**	**14.3**	**12.3**	**12.7**
科技活动经费内部支出（亿元）						
全国	**6704.4**	**7578.3**	**8524.9**	**10 161.5**	**12 675.0**	**16 115.7**
京津冀合计	**1530.5**	**1904.5**	**1991.0**	**2364.0**	**2855.0**	**4441.8**
北京	1236.5	1581.8	1698.2	2100.9	2580.6	4150.3
天津	188.0	204.6	171.0	130.7	124.0	130.9
河北	106.0	118.1	121.8	132.4	150.4	160.6
京津冀占比（%）	**22.8**	**25.1**	**23.4**	**23.3**	**22.5**	**27.6**

表 9-2　京津冀国家高新区企业数量及主要经济指标（2019 年）

地区	高新技术企业数（个）	工业总产值（亿元）	净利润（亿元）	上缴税费（亿元）	出口总额（亿元）	年末资产（亿元）	年末负债（亿元）
全国	**79 579**	**240 262.0**	**26 097.4**	**18 594.3**	**41 371.5**	**595 646.3**	**342 791.7**
京津冀合计	**18 989**	**17 443.6**	**4430.6**	**3040.3**	**3010.9**	**155 976.1**	**91 030.2**
北京	15 692	11 886.7	3514.2	2597.1	2507.3	137 046.6	79 892.6
天津	1691	2780.3	635.6	183.8	333.1	10 603.4	5929.3
河北	1606	2776.6	280.8	259.4	170.5	8326.1	5208.3
京津冀占比（%）	**23.9**	**7.3**	**17.0**	**16.4**	**7.3**	**26.2**	**26.6**

表 9-3　京津冀国家高新区企业收入情况（2019 年）

单位：亿元

地区	营业收入	#技术收入	#产品销售收入	#商品销售收入
全国	**385 549.4**	**47 343.9**	**272 759.2**	**36 963.9**
京津冀合计	**76 802.3**	**14 518.8**	**26 270.8**	**21 234.6**
北京	66 422.2	13 450.8	19 085.2	20 253.9
天津	5417.6	587.5	3383.7	620.7
河北	4962.5	480.5	3801.9	360.0
京津冀占比（%）	**19.9**	**30.7**	**9.6**	**57.4**

表 9-4　京津冀国家高新区企业人员情况（2019 年）

单位：人

地区	年末从业人员	#留学归国人员	#外籍常驻人员	#大专以上
全国	**22 134 834**	**170 759**	**77 918**	**13 068 849**
京津冀合计	**3 427 927**	**49 798**	**6982**	**2 659 709**
北京	2 809 570	47 452	5503	2 253 419
天津	281 036	991	581	180 077
河北	337 321	1355	898	226 213
京津冀占比（%）	**15.5**	**29.2**	**9.0**	**20.4**

表 9-5　京津冀国家高新区企业 R&D 活动与科技活动情况（2019 年）

地区	科技活动人员（人）	#R&D 人员	R&D 人员全时当量（人年）	科技活动经费内部支出（亿元）	#R&D 经费内部支出
全国	**4 659 444**	**2 641 454**	**1 819 811**	**16 115.7**	**8259.2**
京津冀合计	**983 611**	**364 101**	**230 786**	**4441.8**	**1277.2**
北京	863 167	297 486	188 989	4150.3	1107.8
天津	54 244	35 244	21 235	130.9	75.1
河北	66 200	31 371	20 562	160.6	94.3
京津冀占比（%）	**21.1**	**13.8**	**12.7**	**27.6**	**15.5**

第十部分

科技企业孵化器

表 10-1 京津冀科技企业孵化器基本情况（2015—2019 年）

项目	2015 年	2016 年	2017 年	2018 年	2019 年
入统孵化器数量（个）					
全国	**2533**	**3255**	**4063**	**4849**	**5206**
京津冀合计	**296**	**311**	**315**	**452**	**462**
北京	111	101	105	152	130
天津	131	108	71	72	81
河北	54	102	139	228	251
京津冀占比（%）	**11.7**	**9.6**	**7.8**	**9.3**	**8.9**
孵化器场地总面积（万平方米）					
全国	**8679.7**	**10 732.8**	**11 967.4**	**13 192.9**	**12 927.9**
京津冀合计	**762.5**	**843.6**	**757.4**	**979.4**	**961.3**
北京	231.0	223.4	249.8	312.9	329.2
天津	338.2	320.4	137.4	136.5	132.2
河北	193.4	299.9	370.2	530.0	499.9
京津冀占比（%）	**8.8**	**7.9**	**6.3**	**7.4**	**7.4**
在孵企业（个）					
全国	**102 170**	**133 286**	**177 542**	**206 024**	**216 828**
京津冀合计	**11 531**	**13 474**	**15 888**	**20 680**	**21 478**
北京	4026	5316	6717	9629	9444
天津	5632	5080	4264	4263	4309
河北	1873	3078	4907	6788	7725
京津冀占比（%）	**11.3**	**10.1**	**8.9**	**10.0**	**9.9**
在孵企业从业人员（万人）					
全国	**166.2**	**212.1**	**259.6**	**290.2**	**294.9**
京津冀合计	**17.0**	**21.6**	**25.7**	**30.3**	**32.1**
北京	6.3	9.0	11.7	14.8	16.0
天津	7.1	7.2	6.2	5.9	5.8
河北	3.6	5.3	7.8	9.6	10.3
京津冀占比（%）	**10.2**	**10.2**	**9.9**	**10.5**	**10.9**

续表

项目	2015 年	2016 年	2017 年	2018 年	2019 年
当年获得风险投资额（亿元）					
全国	**258.6**	**386.0**	**473.3**	**629.8**	**545.5**
京津冀合计	**51.3**	**83.2**	**97.6**	**136.1**	**93.3**
北京	47.5	70.2	89.4	128.6	88.5
天津	1.9	10.7	5.0	3.4	2.3
河北	1.9	2.3	3.2	4.1	2.5
京津冀占比（%）	**19.8**	**21.6**	**20.6**	**21.6**	**17.1**
累计毕业企业（个）					
全国	**74 853**	**89 694**	**110 701**	**139 396**	**160 850**
京津冀合计	**10 911**	**11 615**	**14 237**	**20 741**	**21 971**
北京	7049	7659	9817	14 986	15 091
天津	2154	1944	1868	2220	2479
河北	1708	2012	2552	3535	4401
京津冀占比（%）	**14.6**	**13.0**	**12.9**	**14.9**	**13.7**

表 10-2　京津冀科技企业孵化器孵化企业情况（2019 年）

单位：个

地区	在孵企业数	# 高新技术企业	# 当年新增在孵企业	累计毕业企业	# 当年毕业企业	# 收入达 5000 万企业
全国	**216 828**	**15 370**	**58 830**	**160 850**	**26 152**	**3729**
京津冀合计	**21 478**	**3055**	**5917**	**21 971**	**1991**	**262**
北京	9444	2184	2626	15 091	1321	122
天津	4309	259	1183	2479	328	65
河北	7725	612	2108	4401	342	75
京津冀占比（%）	**9.9**	**19.9**	**10.1**	**13.7**	**7.6**	**7.0**

表 10–3　京津冀科技企业孵化器孵化场地情况（2019 年）

单位：平方米

地区	总面积				
		办公用房	企业用房	服务用房	其他
全国	**129 278 646**	**8 339 973**	**88 690 536**	**16 219 875**	**16 028 262**
京津冀合计	**9 612 235**	**624 962**	**6 805 639**	**1 197 083**	**984 553**
北京	3 291 522	176 924	2 317 751	489 291	307 557
天津	1 321 685	52 610	1 006 187	160 976	101 912
河北	4 999 029	395 428	3 481 701	546 816	575 084
京津冀占比（%）	**7.4**	**7.5**	**7.7**	**7.4**	**6.1**

表 10–4　京津冀科技企业孵化器当年在孵企业情况（2019 年）

地区	在孵企业从业人员数（人）	在孵企业总收入（亿元）	当年获得投融资企业数（个）	当年获风险投资额（亿元）	当年获得孵化基金在孵企业数（个）
全国	**2 948 824**	**8219.9**	**10 771**	**545.5**	**10 117**
京津冀合计	**321 659**	**953.9**	**963**	**93.3**	**606**
北京	160 156	680.1	535	88.5	199
天津	58 383	85.6	209	2.3	209
河北	103 120	188.2	219	2.5	198
京津冀占比（%）	**10.9**	**11.6**	**8.9**	**17.1**	**6.0**

表 10–5　京津冀国家级科技企业孵化器基本情况（2019 年）

地区	在统孵化器数量（个）	孵化器总收入（亿元）	管理机构从业人员数（人）	孵化基金总额（亿元）	创业导师人数（人）	对公共技术平台投资额（亿元）
全国	**1155**	**189.1**	**22 956**	**668.1**	**24 852**	**40.0**
京津冀合计	**127**	**29.9**	**2437**	**199**	**3390**	**2.4**
北京	61	25.5	1309	193.6	2155	1.8
天津	33	2.3	463	1.6	647	0.2
河北	33	2.1	665	3.8	588	0.4
京津冀占比（%）	**11.0**	**15.8**	**10.6**	**29.8**	**13.6**	**6.0**

表 10-6 京津冀国家级科技企业孵化器孵化企业情况（2019 年）

单位：个

地区	在孵企业数	# 高新技术企业	# 当年新增在孵企业	累计毕业企业	# 当年毕业企业	# 收入达 5000 万企业
全国	**95 559**	**9177**	**23 460**	**99 622**	**12 164**	**2728**
京津冀合计	**10 780**	**2059**	**2648**	**13 248**	**1296**	**226**
北京	5477	1528	1463	8776	797	100
天津	2531	196	634	2113	235	59
河北	2772	335	551	2359	264	67
京津冀占比（%）	**11.3**	**22.4**	**11.3**	**13.3**	**10.7**	**8.3**

表 10-7 京津冀国家级科技企业孵化器孵化场地情况（2019 年）

单位：平方米

地区	总面积	办公用房	企业用房	服务用房	其他
全国	**42 801 325**	**1 393 967**	**32 163 318**	**5 632 042**	**3 611 999**
京津冀合计	**3 566 331**	**104 699**	**2 754 294**	**408 919**	**298 419**
北京	1 865 461	40 900	1 390 405	231 423	202 734
天津	738 618	18 106	604 211	84 488	31 812
河北	962 252	45 693	759 678	93 008	63 873
京津冀占比（%）	**8.3**	**7.5**	**8.6**	**7.3**	**8.3**

表 10-8 京津冀国家级科技企业孵化器当年在孵企业情况（2019 年）

地区	在孵企业从业人员数（人）	在孵企业总收入（亿元）	当年获得投融资企业数（个）	当年获风险投资额（亿元）	当年获得孵化基金在孵企业数（个）
全国	**1 451 592**	**3976.3**	**6738**	**344.4**	**5627**
京津冀合计	**194 876**	**672.5**	**715**	**63.9**	**335**
北京	113 905	533.8	401	61.0	138
天津	39 641	52.3	160	1.8	106
河北	41 330	86.4	154	1.1	91
京津冀占比（%）	**13.4**	**16.9**	**10.6**	**18.6**	**6.0**

第十一部分

国家级高新技术企业

表 11-1　京津冀国家高新技术企业基本情况（2014—2019 年）

项目	2014 年	2015 年	2016 年	2017 年	2018 年	2019 年
入统企业数（个）						
全国	**62 556**	**76 141**	**100 012**	**130 632**	**172 262**	**218 544**
京津冀合计	**10 739**	**14 690**	**18 742**	**23 398**	**28 658**	**36 814**
北京	8237	10 881	13 476	16 267	18 749	23 190
天津	1254	2204	3205	4009	4889	6013
河北	1248	1605	2061	3122	5020	7611
京津冀占比（%）	**17.2**	**19.3**	**18.7**	**17.9**	**16.6**	**16.8**
科技活动人员（人）						
全国	**4 850 635**	**5 255 352**	**5 843 408**	**6 586 793**	**7 566 809**	**8 247 973**
京津冀合计	**642 658**	**832 074**	**934 861**	**1 050 872**	**1 183 303**	**1 345 899**
北京	412 794	567 069	632 199	713 447	790 691	909 108
天津	98 992	126 229	142 672	150 826	163 208	172 151
河北	130 872	138 776	159 990	186 599	229 404	264 640
京津冀占比（%）	**13.2**	**15.8**	**16.0**	**16.0**	15.6	**16.3**
R&D 人员全时当量（人年）						
全国	**2 054 722**	**1 835 827**	**2 126 529**	**2 633 467**	**2 857 665**	**2 860 041**
京津冀合计	**212 310**	**233 030**	**270 354**	**299 765**	**318 913**	**305 407**
北京	122 078	132 714	138 912	172 450	168 979	177 438
天津	38 134	51 043	69 070	71 802	77 017	61 172
河北	52 098	49 273	62 372	55 513	72 917	66 797
京津冀占比（%）	**10.3**	**12.7**	**12.7**	**11.4**	11.2	**10.7**
R&D 经费内部支出（亿元）						
全国	**5809.0**	**6304.0**	**7806.1**	**9279.5**	**10 846.7**	**11 850.1**
京津冀合计	**731.7**	**940.2**	**1005.9**	**1229.1**	**1552.1**	**1638.1**
北京	469.5	588.2	552.0	758.5	939.8	1032.0
天津	140.1	205.2	259.9	241.2	290.1	246.2
河北	122.1	146.9	193.9	229.4	322.2	359.9
京津冀占比（%）	**12.6**	**14.9**	**12.9**	**13.2**	**14.3**	**13.8**

续表

项目	2014年	2015年	2016年	2017年	2018年	2019年
营业收入（亿元）						
全国	**217 304.8**	**222 234.1**	**261 093.9**	**318 374.1**	**389 203.7**	**450 957.7**
京津冀合计	**28 219.4**	**31 131.9**	**35 592.3**	**44 479.0**	**57 282.1**	**67 833.5**
北京	18 877.4	20 078.1	23 220.6	27 417.1	32 082.0	38 024.7
天津	3944.4	5489.1	6272.1	7204.0	8817.1	10 042.5
河北	5397.6	5564.7	6099.6	9857.9	16 383.0	19 766.3
京津冀占比（%）	**13.0**	**14.0**	**13.6**	**14.0**	**14.7**	**15.0**

表 11-2　京津冀国家高新技术企业主要经济指标（2019 年）

单位：亿元

地区	工业总产值	营业收入			
			# 技术收入	# 产品销售收入	# 商品销售收入
全国	**324 137.4**	**450 957.7**	**56 956.3**	**364 691.7**	**8139.8**
京津冀合计	**29 917.4**	**67 833.5**	**16 772.5**	**40 218.1**	**3549.4**
北京	7745.4	38 024.7	14 143.7	14 727.9	3082.3
天津	5461.2	10 042.5	1728.3	7596.7	243.0
河北	16 710.8	19 766.3	900.5	17 893.5	224.1
京津冀占比（%）	**9.2**	**15.0**	**29.5**	**11.0**	**43.6**

表 11-3　京津冀国家高新技术企业人员情况（2019 年）

单位：人

地区	年末从业人员			
		# 留学归国人员	# 外籍常驻人员	# 大专以上
全国	**34 369 917**	**143 759**	**52 905**	**17 468 003**
京津冀合计	**4 498 359**	**41 861**	**5160**	**3 024 047**
北京	2 565 435	37 940	3798	2 071 678
天津	644 967	2428	557	392 678
河北	1 287 957	1493	805	559 691
京津冀占比（%）	**13.1**	**29.1**	**9.8**	**17.3**

表 11–4　京津冀国家高新技术企业 R&D 活动与科研活动情况（2019 年）

地区	科技活动人员（人）	#R&D 人员	R&D 人员全时当量（人年）	科技活动经费内部支出（亿元）	#R&D 经费内部支出
全国	**8 247 973**	**4 354 713**	**2 860 041**	**24 557.8**	**11 850.1**
京津冀合计	**1 345 899**	**498 472**	**305 407**	**5375.6**	**1638.1**
北京	909 108	280 468	177 438	4167.7	1032.0
天津	172 151	105 969	61 172	440.9	246.2
河北	264 640	112 035	66 797	767.0	359.9
京津冀占比（%）	**16.3**	**11.4**	**10.7**	**21.9**	**13.8**

第十二部分

国家大学科技园

表 12–1　京津冀国家大学科技园基本情况（2014—2019 年）

项目	2014 年	2015 年	2016 年	2017 年	2018 年	2019 年
孵化基金总额（万元）						
全国	**110 659**	**119 636**	**143 960**	**224 670**	**134 166**	**152 065**
京津冀合计	**32 194**	**19 992**	**13 967**	**110 841**	**11 246**	**11 896**
北京	29 594	17 392	11 817	109 091	9396	10 246
天津	1000	1000	1000			
河北	1600	1600	1150	1750	1850	1650
京津冀占比（%）	**29.1**	**16.7**	**9.7**	**49.3**	**8.4**	**7.8**
年末固定资产净值（万元）						
全国	**496 810**	**472 147**	**401 898**	**455 959**	**505 176**	**487 471**
京津冀合计	**46 302**	**40 173**	**48 153**	**45 662**	**43 448**	**52 958**
北京	34 218	30 890	39 652	37 288	35 267	45 677
天津	24	18	37	27	24	20
河北	12 060	9265	8464	8347	8158	7261
京津冀占比（%）	**9.3**	**8.5**	**12.0**	**10.0**	**8.6**	**10.9**
场地面积（平方米）						
全国	**801 653**	**7 487 203**	**7 378 204**	**7 938 354**	**7 085 649**	**5 996 259**
京津冀合计	**117 533**	**1 448 717**	**1 476 236**	**1 745 976**	**1 690 415**	**1 388 106**
北京	87 558	1 101 169	1 119 589	1 375 328	1 343 248	1 051 939
天津	11 500	162 800	171 900	171 900	171 900	171 900
河北	18 475	184 748	184 747	198 748	175 267	164 267
京津冀占比（%）	**14.7**	**19.3**	**20.0**	**22.0**	**23.9**	**23.1**
在孵企业（个）						
全国	**9972**	**10 118**	**9861**	**10 448**	**10 127**	**9483**
京津冀合计	**1654**	**1477**	**1407**	**1931**	**1908**	**1557**
北京	1358	1198	1146	1656	1648	1357
天津	54	27	32	40	39	32
河北	242	252	229	235	221	168
京津冀占比（%）	**16.6**	**14.6**	**14.3**	**18.5**	**18.8**	**16.4**

续表

项目	2014 年	2015 年	2016 年	2017 年	2018 年	2019 年
从业人员数（人）						
全国	**162 885**	**145 603**	**132 434**	**136 687**	**127 711**	**122 951**
京津冀合计	**29 647**	**21 506**	**22 700**	**30 512**	**26 898**	**22 824**
北京	22 300	15 876	16 878	23 097	19 682	15 917
天津	1967	508	591	446	364	306
河北	5380	5122	5231	6969	6852	6601
京津冀占比（%）	**18.2**	**14.8**	**17.1**	**22.3**	**21.1**	**18.6**
在孵企业总收入（亿元）						
全国	**361.2**	**277.2**	**289.5**	**340.0**	**325.0**	**325.7**
京津冀合计	**56.0**	**57.8**	**53.4**	**74.6**	**69.8**	**64.3**
北京	46.1	48.7	42.7	53.0	47.9	41.7
天津	0.2	0.3	0.7	0.6	0.9	1.0
河北	9.7	8.8	10.1	21.0	21.0	21.6
京津冀占比（%）	**15.5**	**20.8**	**18.5**	**21.9**	**21.5**	**19.7**

表 12-2　京津冀国家大学科技园人员情况（2019 年）

单位：人

地区	管理机构从业人员总数	# 博士	# 硕士	# 研究生	# 本科	# 大专	# 留学回国人员
全国	**2608**	**130**	**731**	**812**	**1423**	**224**	**87**
京津冀合计	**561**	**33**	**169**	**193**	**279**	**62**	**25**
北京	484	27	158	175	227	57	23
天津	6			1	5		
河北	71	6	11	17	47	5	2
京津冀占比（%）	**21.5**	**25.4**	**23.1**	**23.8**	**19.6**	**27.7**	**28.7**

表 12-3　京津冀国家大学科技园孵化场地情况（2019 年）

单位：平方米

地区	总面积					
		办公室用房	孵化用房	研发用房	生产用房	其他
全国	**5 996 259**	**256 728**	**2 903 383**	**907 180**	**678 970**	**1 249 999**
京津冀合计	**1 388 106**	**76 491**	**496 410**	**265 242**	**57 292**	**492 672**
北京	1 051 939	34 762	302 414	210 021	25 000	479 743
天津	171 900	26 400	80 800	43 000	16 000	5700
河北	164 267	15 329	113 196	12 221	16 292	7229
京津冀占比（%）	**23.1**	**29.8**	**17.1**	**29.2**	**8.4**	**39.4**

表 12-4　京津冀国家大学科技园在孵企业情况（2019 年）

地区	在孵企业（个）		工业总产值（万元）	净利润（万元）	上缴税金（万元）
		# 当年新孵			
全国	**9483**	**2820**	**1 374 059**	**167 461**	**142 733**
京津冀合计	**1557**	**373**	**287 325**	**63 787**	**35 673**
北京	1357	321	180 526	45 751	26 346
天津	32	6	3957	3924	971
河北	168	46	102 842	14 112	8356
京津冀占比（%）	**16.4**	**13.2**	**20.9**	**38.1**	**25.0**

表 12-5　京津冀国家大学科技园毕业企业情况（2019 年）

地区	累计毕业企业（个）	从业人员数（人）	总收入（亿元）	工业总产值（亿元）
全国	**12 052**	**406 175**	**1888.3**	**1170.5**
京津冀合计	**2850**	**68 849**	**199.8**	**68.5**
北京	2457	60 543	178.7	48.8
天津	21	423	1.6	1.7
河北	372	7883	19.5	18.0
京津冀占比（%）	**23.6**	**17.0**	**10.6**	**5.9**

第十三部分

火炬特色产业基地

表 13-1　京津冀火炬计划特色产业基地基本情况（2014—2019 年）

项目	2014 年	2015 年	2016 年	2017 年	2018 年	2019 年
入统基地数（个）						
全国	**366**	**384**	**413**	**441**	**439**	**437**
京津冀合计	**23**	**22**	**23**	**23**	**22**	**22**
北京	2	2	2	1	1	1
天津	8	8	8	9	9	9
河北	13	12	13	13	12	12
京津冀占比（%）	**6.3**	**5.7**	**5.6**	**5.2**	**5.0**	**5.0**
基地内企业数（个）						
全国	**118 231**	**126 393**	**150 555**	**163 364**	**177 245**	**188 922**
京津冀合计	**7665**	**8192**	**9884**	**11 531**	**13 691**	**14 459**
北京	2137	2571	2900	4440	5822	6451
天津	2232	2493	4439	5095	5781	6246
河北	3296	3128	2545	1996	2088	1762
京津冀占比（%）	**6.5**	**6.5**	**6.6**	**7.1**	**7.7**	**7.7**
总收入（亿元）						
全国	**88 227.1**	**91 233.1**	**100 003.2**	**104 652.1**	**108 756.8**	**112 704.0**
京津冀合计	**3118.7**	**3671.6**	**4423.3**	**4545.4**	**4884.6**	**5352.7**
北京	63.1	300.0	345.7	338.0	357.0	431.6
天津	588.9	887.6	1311.1	1038.1	1273.3	1493.2
河北	2466.7	2483.9	2766.5	3169.3	3254.4	3427.9
京津冀占比（%）	**3.6**	**4.0**	**4.4**	**4.3**	**4.5**	**4.7**

表 13-2　京津冀火炬计划特色产业基地经济指标情况（2019 年）

单位：亿元

地区	工业总产值	上缴税额	净利润	出口总额
全国	**111 013.5**	**5962.3**	**6684.5**	**11 966.9**
京津冀合计	**3417.6**	**239.1**	**269.4**	**258.9**
北京	65.8	17.7	19.4	22.3
天津	1073.2	77.6	61.5	81.7
河北	2278.6	143.8	188.5	154.9
京津冀占比（%）	**3.1**	**4.0**	**4.0**	**2.2**

表 13-3　京津冀火炬计划特色产业基地人员情况（2019 年）

单位：人

地区	企业人员总数			
		# 大专以上		
			# 博士	# 硕士
全国	**11 576 387**	**3 894 772**	**31 805**	**200 768**
京津冀合计	**484 191**	**216 313**	**1942**	**12 843**
北京	53 359	31 481	123	1983
天津	139 434	58 701	1098	5317
河北	291 398	126 131	721	5543
京津冀占比（%）	**4.2**	**5.6**	**6.1**	**6.4**

第十四部分

创新型产业集群

表 14-1　京津冀创新型产业集群基本情况（2017—2019 年）

项目	2017 年	2018 年	2019 年
企业总数（个）			
全国	**20 388**	**22 177**	**23 638**
京津冀合计	**2344**	**2768**	**2849**
北京	747	868	869
天津	528	640	670
河北	1069	1260	1310
京津冀占比（%）	**11.5**	**12.5**	**12.1**
年末从业人员（人）			
全国	**3 926 838**	**4 151 702**	**4 191 614**
京津冀合计	**369 798**	**429 464**	**361 978**
北京	156 727	201 709	131 162
天津	77 080	81 688	75 522
河北	135 991	146 067	155 294
京津冀占比（%）	**9.3**	**10.3**	**8.6**
营业收入（亿元）			
全国	**52 233.7**	**55 413.4**	**57 396.7**
京津冀合计	**6932.4**	**8266.8**	**8358.8**
北京	3713.0	4764.7	4516.4
天津	981.2	1152.3	1391.4
河北	2238.2	2349.9	2451.0
京津冀占比（%）	**13.3**	**14.9**	**14.6**

表 14–2　京津冀创新型产业集群企业数量和从业人员情况（2019 年）

地区	企业总数（个）	#高新技术企业数	年末从业人员（人）	#科技活动人员
全国	**23 638**	**10 303**	**4 191 614**	**1 109 727**
京津冀合计	**2849**	**1290**	**361 978**	**149 413**
北京	869	369	131 162	76 207
天津	670	374	75 522	18 586
河北	1310	547	155 294	54 620
京津冀占比（%）	**12.1**	**12.5**	**8.6**	**13.5**

表 14–3　京津冀创新型产业集群主要经济指标（2019 年）

单位：亿元

地区	出口总额	净利润	上缴税费
全国	**7754.2**	**419.3**	**3074.2**
京津冀合计	**387.2**	**631.9**	**325.6**
北京	133.9	418.6	155.6
天津	104.9	80.5	49.4
河北	148.4	132.8	120.6
京津冀占比（%）	**5.0**	**150.7**	**10.6**

表 14–4　京津冀创新型产业集群主要科技活动成果（2019 年）

地区	当年发明专利授权（件）	拥有有效发明专利（件）	拥有注册商标（件）	当年形成国家或行业标准（项）	认定登记的技术合同成交金额（亿元）
全国	**35 530**	**201 912**	**147 191**	**1100**	**968.1**
京津冀合计	**3882**	**35 121**	**25 500**	**151**	**69.3**
北京	2644	15 745	16 959	69	50.1
天津	428	3972	1303	21	5.8
河北	810	15 404	7238	61	13.4
京津冀占比（%）	**10.9**	**17.4**	**17.3**	**13.7**	**7.2**

表 14-5 京津冀创新型产业集群主要服务机构（2019 年）

单位：个

地区	国家级科技企业孵化器	国家技术转移示范机构	国家级示范生产力促进中心	具有国家级资质产品检验检测机构	研发机构	产品联盟组织数
全国	**297**	**105**	**45**	**145**	**5360**	**294**
京津冀合计	**36**	**6**	**2**	**6**	**387**	**32**
北京	14			1	62	12
天津	9	2	1	3	134	9
河北	13	4	1	2	191	11
京津冀占比（%）	**12.1**	**5.7**	**4.4**	**4.1**	**7.2**	**10.9**

第十五部分

科学技术普及

表 15-1 京津冀科学技术普及基本情况（2014—2019 年）

项目	2014 年	2015 年	2016 年	2017 年	2018 年	2019 年
科普专职人员（人）						
全国	**234 982**	**221 511**	**223 544**	**227 008**	**223 958**	**250 197**
京津冀合计	**16 758**	**17 134**	**19 789**	**20 753**	**27 045**	**28 772**
北京	7062	7324	9291	8077	8490	8518
天津	3179	3039	2404	1780	2582	3341
河北	6517	6771	8094	10 896	15 973	16 913
京津冀占比（%）	**7.1**	**7.7**	**8.9**	**9.1**	**12.1**	**11.5**
科技馆数量（个）						
全国	**409**	**444**	**473**	**488**	**518**	**533**
京津冀合计	**43**	**36**	**40**	**41**	**49**	**47**
北京	31	25	30	29	28	27
天津	1	1	1	1	4	4
河北	11	10	9	11	17	16
京津冀占比（%）	**10.5**	**8.1**	**8.5**	**8.4**	**9.5**	**8.8**
科技馆建筑面积（万平方米）						
全国	**304**	**314**	**321**	**371**	**400**	**420**
京津冀合计	**41**	**30**	**34**	**34**	**46**	**41**
北京	32	22	27	25	32	27
天津	2	2	2	2	2	2
河北	7	6	5	7	12	12
京津冀占比（%）	**13.4**	**9.4**	**10.6**	**9.2**	**11.5**	**9.8**
年度科普经费筹集额（亿元）						
全国	**150.0**	**141.2**	**152.0**	**160.1**	**161.1**	**185.5**
京津冀合计	**26.8**	**26.2**	**31.3**	**32.1**	**33.5**	**34.5**
北京	21.7	21.3	25.1	27.0	26.2	27.7
天津	2.4	2.1	2.5	2.3	2.3	3.1
河北	2.7	2.8	3.7	2.8	5.1	3.7
京津冀占比（%）	**17.9**	**18.6**	**20.6**	**20.1**	**20.8**	**18.6**

续表

项目	2014 年	2015 年	2016 年	2017 年	2018 年	2019 年
科普图书出版总册数（万册）						
全国	**6160**	**13 357**	**13 487**	**11 188**	**8607**	**13 527**
京津冀合计	**2945**	**7436**	**3561**	**5025**	**5274**	**8214**
北京	2795	7334	2870	4632	5137	8045
天津	68	63	364	191	93	140
河北	82	39	327	202	44	29
京津冀占比（%）	**47.8**	**55.7**	**26.4**	**44.9**	**61.3**	**60.7**
科普专题活动次数（次）						
全国	**117 238**	**117 506**	**128 545**	**115 999**	**137 807**	**118 937**
京津冀合计	**14 359**	**19 757**	**18 917**	**12 765**	**11 250**	**12 173**
北京	3672	6662	6774	3867	3468	3764
天津	5488	7921	7311	4184	3738	4081
河北	5199	5174	4832	4714	4044	4328
京津冀占比（%）	**12.2**	**16.8**	**14.7**	**11.0**	**8.2**	**10.2**

表 15-2　京津冀科普专职人员情况（2019 年）

单位：人

地区	科普专职人员	# 中级职称以上或本科以上学历	# 女性	# 农村科普人员	# 管理人员	# 科普创作人员
全国	**250 197**	**151 631**	**98 099**	**71 435**	**46 609**	**17 384**
京津冀合计	**28 772**	**16 664**	**12 572**	**4635**	**4407**	**2773**
北京	8518	6438	4677	843	1802	1844
天津	3341	2342	1446	267	711	470
河北	16 913	7884	6449	3525	1894	459
京津冀占比（%）	**11.5**	**11.0**	**12.8**	**6.5**	**9.5**	**16.0**

表 15-3　京津冀科普兼职人员情况（2019 年）

地区	科普兼职人员（人）	# 中级职称以上或本科以上学历	# 女性	# 农村科普人员	注册科普志愿者	年度实际投入工作量（人月）
全国	**1 620 371**	**879 790**	**641 016**	**409 655**	**2 817 094**	**1 855 571**
京津冀合计	**162 104**	**98 872**	**70 305**	**26 992**	**228 909**	**163 162**
北京	57 910	40 728	31 983	5654	29 575	55 645
天津	27 575	18 258	14 354	4292	174 407	24 047
河北	76 619	39 886	23 968	17 046	24 927	83 470
京津冀占比（%）	**10.0**	**11.2**	**11.0**	**6.6**	**8.1**	**8.8**

表 15-4　京津冀科普场地情况（2019 年）

项目	全国	京津冀合计	北京	天津	河北	京津冀占比（%）
科技馆数量（个）	**533**	**47**	27	4	16	**8.8**
科技馆建筑面积（万平方米）	**420**	**41**	27	2	12	**9.8**
科技馆展厅面积（万平方米）	**214**	**20**	13	1	6	**9.3**
科技馆当年参观人数（万人次）	8457	952	693	77	182	**11.3**
科学技术类博物馆数量（个）	**944**	**126**	83	9	34	**13.3**
科学技术类博物馆建筑面积（万平方米）	**719**	**138**	97	23	18	**19.2**
科学技术类博物馆展厅面积（万平方米）	**323**	**56**	39	9	8	**17.3**
科学技术类博物馆当年参观人数（万人次）	**15 802**	**2779**	1730	667	382	**17.6**
青少年科技馆站（个）	**572**	**39**	14	4	21	**6.8**
城市社区科普（技）专用活动室（个）	**54 696**	**3771**	1129	1516	1126	**6.9**
农村科普（技）活动场地（个）	**247 338**	**14 592**	1613	3327	9652	**5.9**
科普宣传专用车（辆）	**1135**	**130**	39	65	26	**11.5**
科普画廊（个）	**144 825**	**8025**	2430	1507	4088	**5.5**

表 15-5　京津冀科普经费情况（2019 年）

单位：万元

项目	全国	京津冀合计	北京	天津	河北	京津冀占比（%）
年度科普经费筹集额	**1 855 221**	**345 388**	276 991	31 058	37 339	**18.6**
# 政府拨款	**1 477 123**	**238 328**	198 263	19 365	20 700	**16.1**
# 科普专项经费	**658 703**	**143 082**	126 187	5567	11 328	**21.7**
# 捐赠	**8115**	**1604**	1403	31	170	**19.8**
# 自筹资金	**284 913**	**75 116**	48 763	11 012	15 341	**26.4**
科技活动周经费筹集额	**41 856**	**6375**	4665	767	943	**15.2**
# 政府拨款	**31 548**	**4980**	3796	424	760	**15.8**
# 企业赞助	**2512**	**353**	202	99	52	**14.1**
年度科普经费使用额	**1 865 295**	**324 986**	253 270	31 398	40 318	**17.4**
# 行政支出	**305 826**	**62 371**	49 656	6078	6637	**20.4**
# 科普活动支出	**884 227**	**184 946**	150 396	8653	25 897	**20.9**
# 科技场馆基建支出	**516 407**	**37 862**	18 034	14 519	5309	**7.3**
# 政府拨款支出	**260 915**	**17 485**	7800	6033	3652	**6.7**
# 场馆建设支出	**323 665**	**20 962**	8896	9644	2422	**6.5**
# 展品、设施支出	**121 556**	**12 599**	7188	3673	1738	**10.4**

表 15-6　京津冀科普传媒情况（2019 年）

项目	全国	京津冀合计	北京	天津	河北	京津冀占比（%）
科普图书出版种数（种）	**12 468**	**4904**	4441	255	208	**39.3**
科普图书出版总册数（万册）	**13 527**	**8214**	8045	140	29	**60.7**
科普期刊出版种数（种）	**1468**	**401**	193	180	28	**27.3**
科普期刊出版总册数（万册）	**9918.5**	**1808.0**	824.9	970.6	12.5	**18.2**
科普（技）音像制品出版种数（种）	**3725**	**222**	153	36	33	**6.0**
科普（技）光盘发行总量（万张）	**393.9**	**54.2**	47.5	1.0	5.7	**13.8**
科普（技）录音、录像带发行总量（盒）	**227 576**	**1241**	630	101	510	**0.5**
科技类报纸年发行总份数（万份）	**17 136.4**	**4305.9**	3605.0	260.8	440.1	**25.1**
电视台播出科普（技）节目时间（小时）	**145 048**	**12 819**	7444	267	5108	**8.8**
电台播出科普（技）节目时间（小时）	**116 493**	**8732**	5317	747	2668	**7.5**
科普网站数（个）	**2818**	**419**	273	75	71	**14.9**
发放科普读物和资料（万份）	**68 183.6**	**6092.1**	3116.2	776.2	2199.7	**8.9**

表 15-7　京津冀科普活动情况（2019 年）

项目	全国	京津冀合计	北京	天津	河北	京津冀占比（%）
科普（技）讲座举办次数（次）	**1 060 320**	**111 310**	61 553	19 195	30 562	**10.5**
科普（技）讲座参加人数（人次）	**277 625 317**	**104 227 948**	98 689 108	2 149 183	3 389 657	**37.5**
科普（技）展览专题展览次数（次）	**136 045**	**9760**	4449	2334	2977	**7.2**
科普（技）展览参观人数（人次）	**360 648 231**	**158 059 020**	145 857 385	6 310 229	5 891 406	**43.8**
科普（技）竞赛举办次数（次）	**39 901**	**3836**	2022	723	1091	**9.6**
科普（技）竞赛参加人数（人次）	**229 564 967**	**124 225 044**	34 388 938	572 322	89 263 784	**54.1**
科普国际交流举办次数（次）	**2637**	**621**	493	104	24	**23.5**
科普国际交流参加人数（人次）	**1 103 982**	**220 291**	185 542	32 190	2559	**20.0**
成立青少年科技兴趣小组个数（个）	**182 547**	**17 565**	3791	3154	10 620	**9.6**
青少年科技兴趣小组参加人数（人次）	**13 821 406**	**1 005 143**	254 326	319 310	431 507	**7.3**
科技夏（冬）令营举办次数（次）	**13 580**	**1989**	1461	347	181	**14.6**
科技夏（冬）令营参加人数（人次）	**2 388 980**	**419 968**	271 743	115 593	32 632	**17.6**
科技活动周科普专题活动次数（次）	**118 937**	**12 173**	3764	4081	4328	**10.2**
科技活动周参加人数（人次）	**201 577 999**	**98 797 179**	92 461 172	3 990 895	2 345 112	**49.0**
科研机构、大学向社会开放单位数（个）	**11 597**	**1980**	1102	434	444	**17.1**
科研机构、大学参观人数（人次）	**9 479 673**	**948 599**	468 096	154 699	325 804	**10.0**
实用技术培训举办次数（次）	**481 965**	**29 233**	9529	5568	14 136	**6.1**
实用技术培训参加人数（人次）	**52 406 575**	**3 182 174**	844 519	353 540	1 984 115	**6.1**
重大科普活动次数（次）	**23 515**	**1863**	723	455	685	**7.9**

表 15-8　京津冀创新创业中科普情况（2019 年）

地区	创新创业培训次数（次）	创新创业培训参加人数（人次）	创新创业赛事次数（次）	创新创业赛事参加人数（人次）
全国	**88 420**	**5 333 597**	**8697**	**2 837 819**
京津冀合计	**12 528**	**652 600**	**709**	**186 902**
北京	6519	391 136	376	89 524
天津	1546	77 584	136	44 630
河北	4463	183 880	197	52 748
京津冀占比（%）	**14.2**	**12.2**	**8.2**	**6.6**

第十六部分

主要统计指标解释

一般公共预算收入　指国家财政参与社会产品分配所取得的收入，是实现国家职能的财力保证。主要包括：①各项税收：包括国内增值税、国内消费税、进口货物增值税和消费税、出口货物退增值税和消费税、营业税、企业所得税、个人所得税、资源税、城市维护建设税、房产税、印花税、城镇土地使用税、土地增值税、车船税、船舶吨税、车辆购置税、关税、耕地占用税、契税、烟叶税等。②非税收入：包括专项收入、行政事业性收费、罚没收入和其他收入。财政收入按现行分税制财政体制划分为中央本级收入和地方本级收入。

一般公共预算支出　指国家财政将筹集起来的资金进行分配使用，以满足经济建设和各项事业的需要。主要包括一般公共服务、外交、国防、公共安全、教育、科学技术、文化体育与传媒、社会保障和就业、医疗卫生与计划生育、节能环保、城乡社区、农林水、交通运输、资源勘探信息、商业服务业、金融、援助其他地区、国土海洋气象、住房保障、粮油物资储备、政府债务付息等方面的支出。财政支出根据政府在经济和社会活动中的不同职权，划分为中央财政支出和地方财政支出。

地方财政科学技术支出　指地方政府为行使其职能，对筹集的财政资金进行有计划的分配使用的总称。地方用于科学技术方面的支出，与政府收支分类科目 206 相同，包括中央对地方的科技转移支付。

地方财政支出合计　指与各地当年财政总决算报表中本年支出合计的决算数相同。

科学技术管理事务　指填在政府收支分类科目 20601 中各级政府部门科学技术管理事务方面的支出，包括中央对此项目的转移支付。

基础研究　指填在政府收支分类科目 20602 中从事基础研究和近期无法取得实用价值的应用研究机构的支出、专项科学研究支出，以及重点实验室、重大科学工程的支出，包括中央对此项目的转移支付。

应用研究　指填在政府收支分类科目 20603 中在基础研究成果上，针对某一特定的实际目标或目标进行的创造性研究工作的支出，包括社会公益研究、高技术研究、专项科研试制等方面的支出，包括中央对此项目的转移支付。

技术研究与开发　指填在政府收支分类科目 20604 中用于技术研究与开发等方面的支出，包括应用技术研究与开发、产业技术研究与开发、科技成果转化与扩散等方面的支出，还包括电子信息产业发展基金，包括中央对此项目的转移支付。

科技条件与服务　指填在政府收支分类科目 20605 中用于完善科技条件及从事科技标准、计量和检测，科技数据、种质资源、标本、基因的收集、加工处理和服务，科技文献信息资源的采集、保存、加工和服务等为科技活动提供基础性、通用性服务的支出，包括中央对此项目的转移支付。

社会科学　指填在政府收支分类科目 20606 中用于社会科学方面的支出，包括中央对此项目的转移支付。

科学技术普及　指填在政府收支分类科目 20607 中用于科学技术普及方面的支出，包括中央对此项目的转移支付。

科技交流与合作 指填在政府收支分类科目 20608 中用于科技交流与合作方面的支出，包括中央对此项目的转移支付。

科技重大项目 指填在政府收支分类科目 20609 中用于科技重大项目方面的支出，包括中央对此项目的转移支付。

其他科学技术支出 指填在政府收支分类科目 20699 中用于除以上各项以外用于科技方面的支出，包括科技奖励支出、补助给转制为企业科研机构的等支出，包括中央对此项目的转移支付。

中央对地方科技转移支付 指政府收支分类科目 206 中央财政对地方的各项科技转移支付。

研究与试验发展（R&D） 指在科学技术领域，为增加知识总量及运用这些知识去创造新的应用而进行的系统的、创造性的活动，包括基础研究、应用研究、试验发展 3 类活动。

R&D 人员 指调查单位内部从事基础研究、应用研究和试验发展 3 类活动的人员。包括直接参加上述 3 类项目活动的人员，以及这 3 类项目的管理人员和直接服务人员。为研发活动提供直接服务的人员包括直接为研发活动提供资料文献、材料供应、设备维护等服务的人员。

R&D 人员全时当量 是国际上通用的、用于比较科技人力投入的指标，是 R&D 全时人员（全年从事 R&D 活动累积工作时间占全部工作时间的 90% 及以上人员）工作量与非全时人员按实际工作时间折算的工作量之和。例如，有 2 个 R&D 全时人员（工作时间分别为 0.9 年和 1 年）和 3 个 R&D 非全时人员（工作时间分别为 0.2 年、0.3 年和 0.7 年），则 R&D 人员全时当量＝ 1+1+0.2+0.3+0.7=3.2（人年）。

研究人员 指 R&D 人员中具备中级以上职称或博士学历（学位）的人员。

基础研究 指为了获得关于现象和可观察事实的基本原理的新知识（揭示客观事物的本质、运动规律，获得新发展、新学说）而进行的实验性或理论性研究，它不以任何专门或特定的应用或使用为目的。

应用研究 指为获得新知识而进行的创造性研究，主要针对某一特定的目的或目标。应用研究是为了确定基础研究成果可能的用途，或是为达到预定的目标探索应采取的新方法（原理性）或新途径。

试验发展 指利用从基础研究、应用研究和实际经验所获得的现有知识，为产生新的产品、材料和装置，建立新的工艺、系统和服务，以及对已产生和建立的上述各项做实质性的改进而进行的系统性工作。

R&D 经费内部支出 指调查单位在报告年度用于内部开展 R&D 活动的实际支出。包括用于 R&D 项目（课题）活动的直接支出，以及间接用于 R&D 活动的管理费、服务费、与 R&D 有关的基本建设支出及外协加工费等。不包括生产性活动支出、归还贷款支出，以及与外单位合作或委托外单位进行 R&D 活动而转拨给对方的经费支出。

日常性支出 指调查单位在报告年度为开展 R&D 活动而发生的人员劳务费，以及其各项管理费用和购买非资产性的材料、物资费用等他日常支出。

资产性支出 指调查单位在报告年度为开展 R&D 活动而进行建造、购置、安装、改建、扩建固定资产，以及进行设备技术改造和大修理等实际支出的费用。

政府资金 指调查单位 R&D 经费内部支出中来自各级政府部门的各类资金，包括财政科学技术拨款、科学基金、教育等部门事业费及政府部门预算外资金的实际支出。

企业资金　指调查单位 R&D 经费内部支出中来自本企业的自有资金和接受其他企业委托而获得的经费，以及科研院所、高校等事业单位从企业获得的资金的实际支出。

R&D 经费外部支出合计　指报告年度调查单位委托外单位或与外单位合作进行 R&D 活动而拨给对方的经费。

R&D 项目（课题）　指调查单位在当年立项并开展研究工作、以前年份立项仍继续进行研究的研究开发项目或课题，包括当年完成和年内研究工作已告失败的研发项目或课题。

发表科技论文　指在学术刊物上以书面形式发表的最初的科学研究成果。应具备以下 3 个条件：①首次发表的研究成果；②作者的结论和试验能被同行重复并验证；③发表后科技界能引用。

形成国家或行业标准数　指报告年度调查单位在自主研发或自主知识产权基础上形成的国家或行业标准。形成国家或行业标准须经有关部门批准。

新产品　指采用新技术原理、新设计构思研制、生产的全新产品，或在结构、材质、工艺等某一方面比原有产品有明显改进，从而显著提高了产品性能或扩大了使用功能的产品。

R&D　即研究与试验发展的简称，指在科学技术领域，为增加知识总量及运用这些知识去创造新的应用而进行的系统的、创造性的活动，包括基础研究、应用研究、试验发展 3 类活动。

主营业务收入　指会计"利润表"中对应指标的本年累计数。未执行 2001 年《企业会计制度》的企业，用"产品销售收入"的本期累计数代替。

利润总额　指企业生产经营活动的最终成果，是企业在一定时期内实现的盈亏相抵后的利润总额（亏损以"–"号表示），它等于营业利润 + 补贴收入 + 投资收益 + 营业外净收入 + 以前年度损益调整。

创新　指本企业推出了新的或有重大改进的产品或工艺，或采用了新的组织管理方式或营销方法。此处的"新"是指它们对本企业而言必须是新的，但对于其他企业或整个市场而言不要求一定是新的。

产品创新　指企业推出了全新的或有重大改进的产品。产品创新的"新"要体现在产品的功能或特性上，包括技术规范、材料、组件、用户友好性等方面的重大改进；不包括产品仅有外观变化或其他微小改变的情况，也不包括直接转销。

工艺创新　指企业采用了全新的或有重大改进的生产方法、工艺设备或辅助性活动，其中辅助性活动是指企业的采购、物流、财务、信息化等活动。工艺创新的"新"要体现在技术、设备、软件或流程上；不包括单纯的组织管理方式的变化。

技术创新　产品创新和工艺创新统称为技术创新。

组织创新　指企业采取了此前从未使用过的全新的组织管理方式，主要涉及企业的经营模式、组织结构或外部关系等方面；不包括单纯的合并或收购。应是企业管理层战略决策的结果。

营销创新　指企业采用了此前从未使用过的全新的营销概念或营销策略，主要涉及产品设计或包装、产品推广、产品销售渠道、产品定价等方面；不包括季节性、周期性变化和其他常规的营销方式变化。

创新活动　指为实现创新而进行的科学、技术、组织、商业等各种活动的总称。具体包括开展了产品或工艺创新活动，或实现了组织或营销创新。

正在进行的产品或工艺创新活动 指正在进行、尚未完成预定目标任务的产品或工艺创新活动。

中止的产品或工艺创新活动 指由于各种原因中断、延期、放弃或失败的产品或工艺创新活动。

新颖度类别 指产品或工艺的新颖程度，按照从低到高依次分为无创新、本企业新、国内市场新、国际市场新。其中，无创新是指未推出新的产品或工艺，或原有的产品或工艺未发生重大改进；本企业新是指产品或工艺对于本企业而言是全新的或有重大改进的，但对于其他企业或整个市场而言并不是；国内市场新是指产品或工艺对于国内市场而言是全新的或有重大改进的，但对于国际市场而言并不是；国际市场新是指产品或工艺在世界范围内是全新的或有重大改进的。

内部研发 研发是研究与试验发展 (Research and Experimental Development, R&D) 的简称，指为增加知识存量（也包括有关人类、文化和社会的知识）及设计已有知识的新应用而进行的创造性、系统性工作，包括基础研究、应用研究和试验发展 3 种类型。国际上通常采用 R&D 活动的规模和强度指标反映一国的科技实力和核心竞争力。内部研发指本企业内部开展的研发活动。

外部研发 指企业委托其他单位或与其他单位合作开展的研发活动。

创新合作 指企业与其他企业或机构共同开展产品或工艺创新活动。创新合作要求企业必须是积极主动参与的，不包括纯外包项目，双方不一定要取得商业利益。

先发优势 指企业由于率先开发出某种产品或工艺创新，或率先进入某一个领域，从而获得领先其他企业的市场竞争优势。

专利 是专利权的简称，是对发明人的发明创造经审查合格后，由专利局依据专利法授予发明人和设计人对该项发明创造享有的专有权。包括发明、实用新型和外观设计。反映拥有自主知识产权的科技和设计成果情况。

发明专利 指对产品、方法或者其改进所提出的新的技术方案。是国际通行的反映拥有自主知识产权技术的核心指标。

有效发明专利数 指调查单位作为专利权人在报告年度拥有的、经国内外知识产权行政部门授权且在有效期内的发明专利件数。

期末有效发明专利数 指报告期末企业作为第一专利权人拥有的、经境内外知识产权行政部门授权且在有效期内的发明专利件数。这里不包括实用新型专利和外观设计专利。

实用新型专利 指对产品的形状、构造或者其结合所提出的适于实用的新的技术方案。

外观设计专利 指对产品的形状、图案或者其结合，以及色彩与形状、图案的结合所做出的富有美感并适于工业应用的新设计。

专利所有权转让及许可数 指报告年度调查单位向外单位转让专利所有权或允许专利技术由被许可单位使用的件数。

专利所有权转让与许可收入 指报告年度调查单位向外单位转让专利所有权或允许专利技术由被许可单位使用而得到的收入。包括当年从被转让方或被许可方得到的一次性付款和分期付款收入，以及利润分成、股息收入等。

科技活动经费内部支出 指报告年内用于科技活动的实际支出，包括劳务费、科研业务费、科研管理费，非基建投资构建的固定资产、科研基建支出及其他用于科技活动的支出。不包括生产性活动支出、归还贷款支出及转拨外单位支出。该指标反映了科技投入的实际完成情况。

工业总产值　指工业企业在报告期内生产的以货币形式表现的工业最终产品和提供工业劳务活动的总价值量。由本期生产成品价值、对外加工费收入、自制半成品在制品期末期初差额价值。

营业收入　指企业经营主要业务和其他业务所确认的收入总额。营业收入合计包括“主营业务收入”和“其他业务收入”。

技术收入　指企业全年用于技术转让、技术承包、技术咨询与服务、技术入股、中试产品收入及接受外单位委托的科研收入等。

产品销售收入　指企业全年销售全部产成品、自制半成品和提供劳务等所取得的收入。

商品销售收入　指企业销售以出售为目的而购入的非本企业生产产品的销售收入。

年末从业人员　指在报告期末，在企业中从事劳动并取得劳动报酬或经营收入的全部劳动力。

年末资产　指企业在报告年末拥有或控制的能以货币计量的经济资源，包括各种财产、债权和其他权利。资产按其流动性（即资产的变现能力和支付能力）划分为流动资产、长期投资、固定资产、无形资产、递延资产和其他资产。

年末负债　按会计报表的流动负债与长期负债之和填写。

科普专职人员　指在统计年度中，从事科普工作时间占其全部工作时间 60% 及以上的人员。包括各级国家机关和社会团体的科普管理工作者，科研院所和大中专院校中从事专业科普研究和创作的人员，专职科普作家，中小学专职科技辅导员，各类科普场馆的相关工作人员，科普类图书、期刊、报刊科技（普）专栏版的编辑，电台、电视台科普频道、栏目的编导，科普网站信息加工人员等。

科普兼职人员　指在非职业范围内从事科普工作，仅在某些科普活动中从事宣传、辅导、演讲等工作的人员，以及工作时间不能满足科普专职人员要求的从事科普工作的人员。包括进行科普讲座等科普活动的科技人员、中小学兼职科技辅导员、参与科普活动的志愿者、科技馆（站）的志愿者等。

注册科普志愿者　指按照一定程序在共青团、科协等组织或科普志愿者注册机构注册登记，自愿参加科普服务活动的志愿者。

科技馆　以科技馆、科学中心、科学宫等命名的以展示教育为主，传播、普及科学的科普场馆。

科学技术博物馆　包括科技类博物馆、天文馆、水族馆、标本馆及设有自然科学部的综合博物馆等。

年度科普经费筹集额　指本单位内可专门用于科普工作管理、研究及开展科普活动等科普事业的各项收入之和。

年度科普经费使用额　指本单位内实际用于科普管理、研究及开展科普活动的全部实际支出。

科技活动周经费筹集额　指本年度科技活动周期间，本单位筹集的准备用于科技活动周的经费总额。

科普场馆基建支出　指本年度内实际用于科普场馆的基本建设资金。包括实际用于科普场馆的土建费（场馆修缮和新场馆建设）及添加科普展品和设施所产生的费用两个部分。

科普图书　指以非专业人员为阅读对象，以普及科学知识、倡导科学方法、传播科学思想、弘扬科学精神为目的，在新闻出版机构登记、有正式刊号的科技类图书。

科普期刊 指面向社会发行并在新闻出版机构登记、有正式刊号或有内部准印证的科普性刊物。

科普（技）音像制品 指以普及科学知识、倡导科学方法、传播科学思想、弘扬科学精神为目的，正式出版的音像制品。

科普（技）讲座 指各种面向社会的以普及科学知识、倡导科学方法、传播科学思想、弘扬科学精神为主要内容的科技讲座。由讲座的第一组织单位填写。例如，由几个单位联合举办，组织单位名单中排名第一的为第一组织者，其他几个组织单位不再统计本次活动，下同。

科普（技）展览 指围绕某个主题所进行的具有科普性质的展教活动，包括常设展览、临时展览和巡回展览；参观人次只统计参观专题展览的人次，而不是场馆的年度总参观人次。

科普（技）竞赛 指国家机关、社会团体及其他组织作为第一组织者开展的科技知识普及性竞赛。由竞赛的第一组织单位填写。

科普国际交流 指填表单位与其他国家及境外地区进行的有关科普接待和外派参加会议、访问、展览、培训等交流活动。

重大科普活动 指参加活动的人次在 1000 人次以上的科普活动。该项由活动的第一组织单位填写。

众创空间 指顺应新科技革命和产业变革新趋势，有效满足网络时代大众创新创业需求的新型创业服务平台。

附　录

附录 A 国家级企业技术中心（207 个）

附表 A-1 北京（94 个）

序号	名称	序号	名称
1	联想（北京）有限公司	28	北京四方继保自动化股份有限公司
2	北大方正集团有限公司	29	北京北一机床股份有限公司
3	中国地质装备集团有限公司	30	江河创建集团股份有限公司
4	首钢总公司	31	北京东方雨虹防水技术股份有限公司
5	中国远洋海运集团有限公司	32	有研半导体材料有限公司
6	北京城建集团有限责任公司	33	汉王科技股份有限公司
7	北京燕京啤酒股份有限公司	34	北京启明星辰信息技术股份有限公司
8	中国石油天然气集团公司	35	中国华电科工集团有限公司
9	中国电子信息产业集团有限公司	36	北京神州泰岳软件股份有限公司
10	同方股份有限公司	37	北京双鹭药业股份有限公司
11	中国铝业集团有限公司	38	北京三元食品股份有限公司
12	北京和利时系统工程有限公司	39	中铁十六局集团有限公司
13	北汽福田汽车股份有限公司	40	国家电力投资集团公司
14	中国印钞造币总公司	41	百度在线网络技术（北京）有限公司
15	中国石油化工股份有限公司	42	京东方科技集团股份有限公司
16	大唐电信科技股份有限公司	43	新奥特（北京）视频技术有限公司
17	中国普天信息产业股份有限公司	44	北京汽车股份有限公司
18	中国建材集团有限公司	45	北京资源亚太饲料科技有限公司
19	中牧实业股份有限公司	46	北京建工集团有限责任公司
20	安泰科技股份有限公司	47	中国电子工程设计院
21	北京大北农科技集团股份有限公司	48	中国建筑科学研究院
22	用友软件股份有限公司	49	中铁第五勘察设计院集团有限公司
23	中国黄金集团公司	50	中煤北京煤矿机械有限责任公司
24	北京中科三环高技术股份有限公司	51	北京神州绿盟信息安全科技股份有限公司
25	中国建筑工程总公司	52	北京伟嘉人生物技术有限公司
26	中国电力建设股份有限公司	53	北京二七轨道交通装备有限责任公司
27	北京金隅集团有限责任公司	54	北京中科科仪股份有限公司

续表

序号	名称	序号	名称
55	北京科诺伟业科技股份有限公司	75	北京大豪科技股份有限公司
56	中国京冶工程技术有限公司	76	北京华宇软件股份有限公司
57	中国种子集团有限公司	77	北京智芯微电子科技有限公司
58	北京天地玛珂电液控制系统有限公司	78	北京北方华创微电子装备有限公司
59	中铁十九局集团有限公司	79	北京生泰尔科技股份有限公司
60	中国路桥工程有限责任公司	80	北京万泰生物药业股份有限公司
61	北京当升材料科技股份有限公司	81	中冶京诚工程技术有限公司
62	中交第一公路工程局有限公司	82	北京新能源汽车股份有限公司
63	中铁二十二局集团有限公司	83	北京易华录信息技术股份有限公司
64	航天长征化学工程股份有限公司	84	中国石油天然气股份有限公司
65	北京星航机电装备有限公司	85	中国软件与技术服务股份有限公司
66	北京高能时代环境技术股份有限公司	86	同方威视技术股份有限公司
67	北矿科技股份有限公司	87	中国铝业股份有限公司
68	北京首航艾启威节能技术股份有限公司	88	北新建材（集团）有限公司
69	中铁电气化局集团有限公司	89	通达耐火技术股份有限公司
70	中国石化工程建设有限公司	90	北京精雕科技集团有限公司
71	中铁建设集团有限公司	91	通号通信信息集团有限公司
72	北京锐安科技有限公司	92	悦康药业集团股份有限公司
73	中交第三公路工程局有限公司	93	北京搜狗科技发展有限公司
74	北京千方科技股份有限公司	94	北京全路通信信号研究设计院集团有限公司

附表 A-2　天津（62 个）

序号	名称	序号	名称
1	科迈化工股份有限公司	6	天津泰达绿化集团有限公司
2	凯莱英医药集团（天津）股份有限公司	7	中国石油集团渤海石油装备制造有限公司
3	天津立中集团股份有限公司	8	中国石油集团渤海钻探工程有限公司
4	天津利安隆新材料股份有限公司	9	海洋石油工程股份有限公司
5	天津膜天膜科技股份有限公司	10	恒银金融科技股份有限公司

续表

序号	名称	序号	名称
11	天津航空机电有限公司	37	天津立林机械集团有限公司
12	天津汽车模具股份有限公司	38	中铁十八局集团有限公司
13	天津瑞普生物技术股份有限公司	39	天津灯塔涂料有限公司
14	天津市松正电动汽车技术股份有限公司	40	天津市中重科技工程有限公司
15	中国铁建大桥工程局集团有限公司	41	天津水泥工业设计研究院有限公司
16	中交第一航务工程局有限公司	42	天津天士力集团有限公司
17	中交天津航道局有限公司	43	天津银龙预应力材料股份有限公司
18	中冶天工集团有限公司	44	天津长荣科技集团股份有限公司
19	曙光信息产业股份有限公司	45	中国天辰工程有限公司
20	天地伟业技术有限公司	46	天津红日药业股份有限公司
21	天津巴莫科技有限责任公司	47	天狮集团有限公司
22	天津凯发电气股份有限公司	48	天津国安盟固利新材料科技股份有限公司
23	天津力神电池股份有限公司	49	天津冶金集团中兴盛达钢业有限公司
24	天津赛象科技股份有限公司	50	天津市天锻压力机有限公司
25	中材节能股份有限公司	51	天津市天发重型水电设备制造有限公司
26	中海油田服务股份有限公司	52	天津光电通信技术有限公司
27	中国铁路设计集团有限公司	53	天津七一二通信广播股份有限公司
28	中国汽车工业工程有限公司	54	天津中环半导体股份有限公司
29	天津富士达集团有限公司	55	天津渤海化工集团有限责任公司
30	天津钢管制造有限公司	56	天津药业集团有限公司
31	天津钢铁集团有限公司	57	天津中新药业集团股份有限公司
32	天津市金桥焊材集团股份有限公司	58	天津海鸥表业集团有限公司
33	天津铁路信号有限责任公司	59	天津天纺投资控股有限公司
34	中国汽车技术研究中心有限公司	60	中法合营王朝葡萄酿酒有限公司
35	天津大桥焊材集团有限公司	61	天津港（集团）有限公司
36	天津市捷威动力工业有限公司	62	天津港航工程有限公司

附表 A-3　河北（51 个）

序号	名称	序号	名称
1	际华三五零二职业装有限公司	27	河北华通线缆集团股份有限公司
2	河北建工集团有限责任公司	28	新奥集团股份有限公司
3	东旭集团有限公司	29	廊坊华日家具股份有限公司
4	河北诚信有限责任公司	30	中国乐凯集团有限公司
5	石家庄四药有限公司	31	风帆股份有限公司
6	河北威远生物化工有限公司	32	恒天纤维集团有限公司
7	石家庄诚志永华显示材料有限公司	33	巨力索具股份有限公司
8	石家庄以岭药业股份有限公司	34	保定天威保变电气股份有限公司
9	石药控股集团有限公司	35	长城汽车股份有限公司
10	石家庄科林电气股份有限公司	36	惠阳航空螺旋桨有限责任公司
11	中国人民解放军第五七二一工厂	37	英利集团有限公司
12	神威医药科技股份有限公司	38	凌云工业股份有限公司
13	华北制药集团有限责任公司	39	河北奥润顺达窗业有限公司
14	石家庄常山纺织股份有限公司	40	河北晨阳工贸集团有限公司
15	承德钢铁集团有限公司	41	河北建设集团股份有限公司
16	中国长城葡萄酒有限公司	42	河北新宝丰电缆有限公司
17	中煤张家口煤矿机械有限责任公司	43	中国化学工程第十三建设有限公司
18	中铁山桥集团有限公司	44	衡水橡胶股份有限公司
19	中信戴卡股份有限公司	45	中钢集团邢台机械轧辊有限公司
20	唐山三友集团有限公司	46	冀中能源集团有限责任公司
21	开滦（集团）有限责任公司	47	晶龙实业集团有限公司
22	唐山钢铁集团有限责任公司	48	新兴际华集团有限公司
23	河北迁西板栗集团有限公司	49	晨光生物科技集团股份有限公司
24	惠达卫浴股份有限公司	50	邯郸钢铁集团有限责任公司
25	唐山轨道客车有限责任公司	51	河北汉光重工有限责任公司
26	中信重工开诚智能装备有限公司		

附录 B　国家级火炬计划平台（56 个）

附表 B-1　北京（21 个）

序号	名称	序号	名称
1	中关村移动互联网产业集群	12	中国人民大学文化科技园
2	北京数字电视和数字内容产业基地创新型产业集群	13	中国农业大学科技园
3	国家级轨道交通创新型产业集群	14	北京交通大学国家大学科技园
4	北京工业大学国家大学科技园	15	华北电力大学国家大学科技园
5	清华大学国家大学科技园	16	中国矿业大学（北京）国家大学科技园
6	北京大学国家大学科技园	17	北京林业大学国家大学科技园
7	北京北航科技园有限公司	18	北京科技大学国家大学科技园
8	北京理工大学国家大学科技园	19	国家火炬北京大兴新媒体特色产业基地
9	北京邮电大学国家大学科技园	20	北京软件产业基地
10	北京师范大学国家大学科技园	21	中关村软件园
11	北京化工大学科技园		

附表 B-2　天津（15 个）

序号	名称	序号	名称
1	天津大学科技园	9	国家火炬武清汽车零部件特色产业基地
2	国家火炬天津陈塘工程设计特色产业基地	10	国家火炬天津京津电子商务特色产业基地
3	国家火炬天津空港经济区现代纺织特色产业基地	11	天津高新区新能源创新型产业集群
4	国家火炬计划东丽节能装备特色产业基地	12	北辰高端装备制造创新型产业集群
5	国家火炬计划西青信息安全特色产业基地	13	天津基于国产自主可控的信息安全产业集群
6	国家火炬天津中北汽车特色产业基地	14	泰达高端医疗器械产业集群
7	国家火炬武清新金属材料特色产业基地	15	国家软件出口基地
8	国家火炬天津京滨石油装备特色产业基地		

附表 B–3 河北（20 个）

序号	名称	序号	名称
1	国家火炬唐山焊接特色产业基地	11	国家火炬廊坊大城绝热节能材料特色产业基地
2	国家火炬唐山高新区机器人特色产业基地	12	国家火炬衡水高新区工程橡胶特色产业基地
3	国家火炬唐山陶瓷材料特色产业基地	13	河北软件产业基地（石家庄）
4	国家火炬邯郸新型功能材料特色产业基地	14	石家庄药用辅料创新型产业集群
5	国家火炬宁晋太阳能硅材料特色产业基地	15	邯郸现代装备制造创新型产业集群
6	国家火炬邢台沙河现代功能与艺术玻璃特色产业基地	16	邯郸新型功能材料产业集群
7	国家火炬保定安国现代中药特色产业基地	17	保定新能源与智能电网装备创新型产业集群
8	国家火炬保定新能源与能源设备特色产业基地	18	燕山大学国家大学科技园
9	国家火炬承德仪器仪表特色产业基地	19	河北工业大学国家大学科技园
10	国家火炬廊坊大数据特色产业基地	20	保定电谷大学科技园有限公司

附录 C　国家级科技企业孵化器（124 个）

附表 C-1　北京（55 个）

序号	名称	序号	名称
1	贝壳菁汇（北京）生态创新科技有限公司	29	北京康华伟业孵化器有限责任公司
2	北京斯坦福科技孵化器有限公司	30	北京牡丹科技孵化器有限公司
3	北京北电科林电子有限公司	31	北京亦庄国际生物医药投资管理有限公司
4	北京奥宇科技企业孵化器有限责任公司	32	创新工场（北京）企业管理股份有限公司
5	北京北航天汇科技孵化器有限公司	33	北京厚德科创科技孵化器有限公司
6	北京博奥联创科技孵化器有限公司	34	北京交大科技孵化器有限公司
7	北京高技术创业服务中心	35	北京人大文化科技企业孵化器有限公司
8	北京汉潮大成科技孵化器有限公司	36	北京乐邦乐成创业投资管理有限公司
9	北京瀚海润泽科技孵化器有限公司	37	北京东升科技企业加速器有限公司
10	北京华海基业科技孵化器有限公司	38	北京宏福科技孵化器股份有限公司
11	北京九州通科技孵化器有限公司	39	北京嘉捷美锦科技发展有限公司
12	北京理工创新高科技孵化器有限公司	40	北京北控高科技孵化器有限公司
13	北京普天德胜科技孵化器有限公司	41	北京赢家伟业科技孵化器股份有限公司
14	北京启迪创业孵化器有限公司	42	北京华商置业有限公司
15	北京赛欧科园科技孵化中心有限公司	43	北京京辰瑞达科技孵化中心
16	北京望京科技孵化服务有限公司	44	北京牡丹创新科技孵化器有限公司
17	北京中关村国际孵化器有限公司	45	大唐创新港投资（北京）有限公司
18	北京中关村京蒙高科企业孵化器有限责任公司	46	北京科大方兴科技孵化器有限责任公司
19	北京中关村软件园孵化服务有限公司	47	北京创业公社投资发展有限公司
20	北京中关村上地生物科技发展有限公司	48	中关村意谷（北京）科技服务有限公司
21	北京中关村生命科学园生物医药科技孵化有限公司	49	北京东方嘉诚文化产业发展有限公司
22	汇龙森国际企业孵化（北京）有限公司	50	锋创科技发展（北京）有限公司
23	中关村科技园区丰台园科技创业服务中心	51	博雅燕园科技企业孵化（北京）有限公司
24	中关村科技园区海淀园创业服务中心	52	北京普天电子城科技孵化器有限公司
25	北京京仪科技孵化器有限公司	53	北京华电天德科技园有限公司
26	汇龙森欧洲科技（北京）有限公司	54	北京国投尚科信息技术有限公司
27	北京北达燕园科技孵化器有限公司	55	北京嘉润创业商务有限公司
28	北京瀚海博智科技孵化器有限公司		

附表 C–2　天津（36 个）

序号	名称	序号	名称
1	天津滨海高新技术产业开发区国际创业中心	19	天津市科技创新发展中心
2	天津海泰企业孵化服务有限公司	20	天津普天创达企业孵化器有限公司
3	天津华科企业孵化服务有限公司	21	天津意库创意企业管理服务有限公司
4	天津华苑软件园建设发展有限公司	22	天津青年创业园管理有限公司
5	天津普天企业孵化服务有限公司	23	天津科丽泰科技企业孵化器有限公司
6	天津泰达国际创业中心	24	天津航大中天科技发展有限公司
7	天津火炬鑫茂创业服务有限公司	25	清控科创（天津）科技园管理有限公司
8	天津国际生物医药联合研究院有限公司	26	天津新华产业科技孵化器有限公司
9	天津市聚贤科技孵化器有限公司	27	执信（天津）科技企业孵化器有限公司
10	天津生态城产业园运营管理有限公司	28	天津凌奥创意科技企业孵化器有限公司
11	天津生机企业孵化器有限公司	29	天津市赛达启航科技企业孵化器有限公司
12	天津华鼎科技企业孵化器有限公司	30	天津辰寰星谷企业孵化器有限公司
13	天津智慧山企业孵化器有限公司	31	天津新华河工科技企业孵化器有限公司
14	天津航空产业开发有限公司	32	天津京滨科技企业孵化器有限公司
15	天津滨海服务外包产业有限公司	33	天津可信科技企业孵化器有限公司
16	天津市帅超科技园有限公司	34	天津光彩圣火科技企业孵化器有限公司
17	天津恩华企业孵化器有限公司	35	天津市武清区兴科百纳有限公司
18	天津鑫恩华园区管理有限公司	36	天津东旺塑料科技孵化器有限公司

附表 C-3 河北（33 个）

序号	名称	序号	名称
1	唐山高新技术创业中心	18	石家庄天山科技工业园运营服务有限公司
2	保定高新技术创业服务中心	19	衡水高新技术产业开发区创业服务中心
3	邯郸高新技术创业服务中心	20	石家庄鹿岛创业孵化器有限公司
4	沧州市科技创业中心	21	张家口博创智造孵化器有限公司
5	三河燕郊东湖孵化器有限公司	22	保定支点创业服务有限公司
6	秦皇岛市育兴高新技术创业有限公司	23	华夏幸福（固安）创业港投资有限公司
7	承德市高新技术产业开发区创业服务中心	24	兴远高科（三河）孵化器有限公司
8	涿鹿科技园孵化器有限公司	25	廊坊市宏泰科技成果孵化服务有限公司
9	石家庄市科技创新服务中心	26	保定同方智慧园区运营有限公司
10	河北方大科技股份有限公司	27	河北军鼎产业园运营有限公司
11	石家庄高新技术创业服务中心	28	唐山百川创新科技服务有限公司
12	河北创业基地投资管理有限公司	29	张家口西山联创科技企业孵化器有限公司
13	秦皇岛开发区泰盛孵化器有限公司	30	张家口市金达开元科技企业孵化器有限责任公司
14	石家庄高新区方亿科技企业孵化器有限公司	31	唐山宝升昌全球创客孵化器有限公司
15	石家庄日中天科技企业孵化器有限公司	32	廊坊科技企业孵化器有限公司
16	邯郸市科苑企业孵化器有限公司	33	邯郸高科园区发展股份有限公司
17	秦皇岛北岛博智科技孵化器有限公司		

附录 D　国家备案众创空间（360 个）

附表 D-1　北京（171 个）

序号	名称	运营主体
1	东方嘉诚众创空间	北京东方嘉诚文化产业发展有限公司
2	科技寺	北京科聚思网络科技有限公司
3	DRC 创億梦工厂	北京迪希工业设计创意开发有限公司
4	融创空间	北京四方共创生产力促进有限公司
5	极地国际创新中心（北京）	北京极地加科技有限公司
6	北大创业孵化营	北京北达燕园科技孵化器有限公司
7	北京 IC 咖啡	北京爱思创芯汇咨询有限公司
8	清华 x-lab	清华大学经济管理学院
9	创客总部	北京创客帮科技孵化器有限公司
10	北京创客空间	北京创客空间科技有限公司
11	3W 孵化器	北京 3W 孵化器管理有限公司
12	36 氪空间	氪空间（北京）信息技术有限公司
13	硬创邦	北京英鹏硬创科技有限公司
14	Binggo 咖啡	北京思源易创科技服务有限公司
15	联想之星	北京联想之星投资管理有限公司
16	创业黑马众创空间	北京创业未来传媒技术有限公司
17	飞马旅	北京飞马旅企业管理有限公司
18	AAMA 亚杰商会	亚杰汇（北京）网络科技服务有限公司
19	北京大学创业训练营	燕园校友投资管理有限公司
20	车库咖啡	北京车库咖啡孵化器运营管理有限公司
21	InnoTREE 因果树	北京因果树网络科技有限公司
22	虫洞创业之家	北京虫洞创业之家科技服务有限公司
23	京西创业公社	北京创业公社投资发展有限公司
24	瀚海 Plug and Play	北京瀚海亚美迪创业投资有限公司
25	C 客空间	北京普天德胜科技孵化器有限公司
26	新华 1949 · 中文创客空间	中文发集团文化有限公司
27	优客工场	优客工场（北京）创业投资有限公司

续表

序号	名称	运营主体
28	洪泰创新空间	洪泰创新空间（北京）创业投资有限公司
29	北服创新园	北京北服时尚投资管理有限公司
30	果壳空间	北京果壳互动科技传媒有限公司
31	尚 8 文化众创空间	首邦（北京）资产运营有限公司
32	启迪之星（北京）	启迪之星（北京）科技企业孵化器有限公司
33	创投圈	北京海蓝创景投资咨询有限公司
34	厚德创新谷	北京厚德科创科技孵化器有限公司
35	中关村智能硬件梦工场（硬创梦工场）	北京硬创空间科技有限公司
36	创业邦	爱奇清科（北京）信息科技有限公司
37	金种子创业谷	北京金种子创业谷科技孵化器中心
38	清华经管创业者加速器	北京清创纪元创业教育科技有限责任公司
39	北航夸克空间	北京北航科技园有限公司
40	清创空间	北京清创科技孵化器有限公司
41	太库北京	太库（北京）科技孵化器有限公司
42	创业谷·光华	北京创业谷科技孵化器有限公司
43	筑梦空间	北京东晟合创科技孵化器有限公司
44	苏河汇（北京）	北京点观科技孵化器有限公司
45	创业魔法学院	天下创业（北京）教育科技有限公司
46	零壹时光	北京零壹诚品科技有限公司
47	云基地	北京云基地云计算科技发展有限公司
48	兰天使孵化器	兰天使创新创业孵化器有限公司
49	万巢创意工场（万巢）	万巢含品（北京）国际商务服务有限公司
50	拓荒族	优府科技服务（北京）有限公司
51	V 创空间	北京微创空间科技孵化器有限公司
52	IBI 咖啡	中关村科技园区丰台园科技创业服务中心
53	格雷众创园	鼎石天元投资（北京）有限公司
54	创亦汇	中孵高科产业孵化（北京）有限公司
55	锋创科技园	锋创科技发展（北京）有限公司
56	创园国际	北京嘉润创业商务有限公司

续表

序号	名称	运营主体
57	纳什空间	纳什空间创业科技（北京）有限公司
58	文化创新工场	北京市文化创新工场投资管理有限公司
59	无界空间	合作共创（北京）办公服务有限公司
60	公司宝	汉唐信通（北京）咨询股份有限公司
61	国安龙巢	国安龙巢（北京）科技投资有限公司
62	瀚海博智	北京瀚海博智科技孵化器有限公司
63	光合空间	光合空间（北京）企业孵化器有限公司
64	天使汇	北京天使汇金融信息服务有限公司
65	京东 JD+ 孵化器	北京京东顺顺科技有限公司
66	阿尔法沃夫	阿尔法沃夫（北京）加速器科技有限公司
67	可可豆创新孵化平台	洛可可众创科技（北京）有限公司
68	晶蛋工场	众智博汇（北京）科技孵化器有限责任公司
69	一八九八咖啡馆	一八九八文化传媒（北京）有限公司
70	数字设计中心	北京中关村国际数字设计中心有限公司
71	北京银行中关村小巨人创客中心	北京银行中关村分行
72	文化创客港	北京人大文化科技企业孵化器有限公司
73	京仪创新港	北京京仪科技孵化器有限公司
74	天作・IUIA	北京天作创新科技孵化器有限公司
75	文曲星	北京远见育成科技孵化器有限公司
76	北理工创意空间	北京理工创新高科技孵化器有限公司
77	大唐创新港	大唐创新港投资（北京）有限公司
78	赢家伟业	北京赢家伟业科技孵化器股份有限公司
79	创立空间	北京众创空间创立科技有限公司
80	软件众创星谷	北京中关村软件园孵化服务有限公司
81	悠上空间	北京建设大学（中国农业大学科技园）
82	京师咖啡创新空间	北京众合海川科技孵化器有限公司，北京京师树人科技孵化器发展有限责任公司
83	健康智谷	北京天亿弘方投资管理有限公司
84	硬派空间	北京海置科创科技服务有限公司

续表

序号	名称	运营主体
85	顺蓝 TA 众创基地	北京顺宝蓝庭投资有限公司
86	衫晒空间	北京衫晒科技孵化器有限公司
87	紫荆花众创基地	紫荆花科技孵化器（北京）有限公司
88	中财大科技金融港	中财大科技园（北京）有限公司
89	校际空间	校际空间（北京）科技孵化器有限责任公司
90	同方科技园	同方科技园有限公司
91	一九一一平台	一九一一文化传播（北京）有限公司
92	库尔好同学	北京库尔好同学科技有限公司
93	雷雷伙伴	雷雷伙伴（北京）科技孵化器有限公司
94	智泽汇	北京智泽惠通科技孵化器有限公司
95	泰智会	北京宏泰智会科技服务有限公司
96	5F 咖啡厅	北京赛欧科园科技孵化中心有限公司
97	贝壳菁汇创新生态圈	贝壳菁汇科技集团有限公司
98	星库空间	星库空间（北京）创业投资有限公司
99	黑钻石	黑钻石（北京）文化传媒股份有限公司
100	军民融创汇	北京北方车辆新技术孵化器有限公司
101	石谷轻文化创业基地	北京趣酷科技有限公司
102	91 众创	九一金融信息服务（北京）有限公司
103	创新谷	北京创新谷科技孵化器有限公司
104	新金融创业港	北京海聚博源科技孵化器有限公司
105	方和正圆	北京方和正圆商贸有限公司
106	建筑梦工厂	北京正开科技有限公司
107	奥宇创客 +	北京奥宇科技企业孵化器有限责任公司
108	快创学院	北京快投会网络科技有限公司
109	东尚・E 园	北京东尚泰和科技有限公司
110	中科电商谷 5U	北京中科电商谷信息技术有限公司
111	鸿坤金融谷	北京鸿坤理想投资管理有限公司
112	杰客咖啡	北京中软国际教育科技股份有限公司
113	KNOW-HOW 创业空间	北京禾芫科技孵化器有限公司

续表

序号	名称	运营主体
114	亦庄创投汇	北京亦庄移动硅谷有限公司
115	安快创业谷	北京安快创业科技有限公司
116	火柴盒创客街区	北京九城软件有限公司
117	海创空间（北京）	北京海创百川创业咨询服务有限公司
118	中关村 e 谷	中关村意谷（北京）科技服务有限公司
119	YOU+ 青年创业社区（北京）	北京 U 家创业投资管理有限公司
120	369 云工厂（北京）	大唐网络有限公司
121	师林（北京）	北大医疗产业园科技有限公司
122	创新工场	创新工场（北京）企业管理股份有限公司
123	微软云加速器	微软（中国）有限公司
124	互联网金融实验室	清控道口财富科技（北京）股份有限公司
125	中美企业创新中心	北京瀚海华美国际咨询有限公司
126	自由者创业社区	北京国泰青春商业有限公司
127	中航创城	中航创城（北京）投资咨询有限公司
128	创 E 工场	北京华商置业有限公司
129	HomeX 加速器	逐鹿仁德（北京）科技孵化器有限公司
130	掘金微创业	微创业（北京）企业管理服务有限公司
131	合创新业	合创新业（北京）科技服务有限公司
132	国联万众	北京国联万众半导体科技有限公司
133	安创空间	北京安创空间科技有限公司
134	腾讯众创空间（北京）	北京厚德昌科投资管理有限公司
135	回 + 创客公社	北京昌品城市文化发展有限公司
136	中航爱创客	中航联创科技有限公司
137	Plug and Play China	北京即联即用创业投资有限公司
138	506 创客汇	北京普天电子城科技孵化器有限公司
139	房山北创营	北创营（北京）科技孵化器有限公司
140	尚科办公社区	北京国投尚科信息技术有限公司
141	金丰和创客空间	北京金丰和科技企业孵化器有限责任公司
142	智创工坊	智创工坊（北京）科技有限公司

续表

序号	名称	运营主体
143	未来之星	北京市化学工业研究院有限责任公司
144	国创产业园	北京星火国创企业管理有限公司
145	融科众创	北京京仪融科科技孵化器有限公司
146	京卫众创空间	京卫惟科生物科技孵化（北京）有限公司
147	埃米空间	北京天作理化科技孵化器有限公司
148	猫妹众创空间	北京业主行网络科技有限公司
149	宏福众创空间	北京宏福科技孵化器股份有限公司
150	优投空间	北京优投科技孵化器有限公司
151	华灿工场	中民国投（北京）投资控股有限公司
152	移动互联孵化基地	北京智汇互联科技孵化器有限公司
153	化育空间	北京北化大科技园有限公司
154	Foundry Club 跨境加速器	北京斯坦福科技孵化器有限公司
155	海尔 U ＋企孵	北京倪帮尔科技孵化器有限公司
156	义创空间	北京义创空间投资管理有限公司
157	e 巢客 · 九州	北京九州众创科技孵化器有限公司
158	青创动力	青创动力（北京）科技孵化器有限公司
159	软件园高校基地	北京中关村软件园发展有限责任公司
160	创 E ＋社区	北京科创空间投资发展有限公司
161	德山 M-Lab	北京德山科技有限公司
162	创融云巢众创空间	北京首科创融科技孵化器有限公司
163	骏一 IP-HUB	骏一人工智能科技（北京）有限公司
164	国数共享社区	北京国数创业创新企业管理有限公司
165	睿思众创空间	北京睿思创业空间科技有限公司
166	中关村科技装备创新创业基地	北京鹍鹏科创科技发展有限公司
167	中粮营养健康科学园	中粮营养健康研究院有限公司
168	SKY 创园空间	北京思客空间科技有限公司
169	英库百特	英库百特科技服务（北京）有限公司
170	金隅启迪众创空间	北京金隅启迪科技孵化器有限公司
171	亿鼎科技	中咨合创（北京）科技孵化器有限公司

附表 D-2　天津（76 个）

序号	名称	运营主体
1	轻职众创空间	轻职众创空间（天津）有限公司
2	天津市和平睿先锋众创空间	天津新滨江机电广场有限公司
3	天津电气院智能电气众创空间	天津电气科学研究院有限公司
4	M3 创空间	天津新岸创意产业投资有限公司
5	手牵手众创空间	天津滨创生产力促进有限公司
6	天津城市职业学院青年艺术众创空间	天津城市职业学院
7	DS 创客空间	蜂巢空间（天津）创业服务有限公司
8	四六零众创空间	天津四六零众创空间有限公司
9	北方创客体验中心	天津人民公园经营有限责任公司
10	华德福众创空间	天津市华德福众创空间有限公司
11	天津外国语大学玑瑛意谷青年创新创业实践基地	天津明大华中企业孵化器有限公司
12	天津医学高等专科学校医专康健众创空间	医专康健众创空间（天津）有限公司
13	九安智慧健康众创空间	天津九安医疗电子股份有限公司
14	3X-e 客空间	源创三象（天津）企业孵化器有限公司
15	南开大学玑瑛青年创新创业实践基地	南开大学
16	闯先生	天津闯先生网络科技有限责任公司
17	“搭伙”众创空间	天津大学
18	梦工坊众创空间	梦工坊创新科技（天津）有限公司
19	创＋时代众创空间	天津市创佳时代科技企业管理有限公司
20	巷肆·缘创众创空间	天津市福莱特文化交流有限公司
21	意库众创空间	天津意库创意企业管理服务有限公司
22	青年众创空间	天津青年创业园管理有限公司
23	津创驿站	天津微卓科技有限公司
24	速创空间	速普创新（天津）科技发展有限公司
25	天津东丽青年创新创业学院	天津东丽青年创新创业中心
26	馒头咖啡创客空间	执信（天津）科技企业孵化器有限公司
27	蓝海硅谷众创空间	天津赢家伟业科技文化企业孵化器有限公司
28	慧谷蜂巢众创空间	清控科创（天津）科技园管理有限公司
29	中航大众创空间	天津航大中天科技发展有限公司

续表

序号	名称	运营主体
30	源创空间	天津市中北福源开发建设有限公司
31	凌智空间	天津凌奥众创空间管理服务有限公司
32	学府科创广场	天津精武科技产业发展有限公司
33	天津工业大学创客空间	天津工业大学
34	天津理工大学众创空间	天津理工大学
35	天软·创魔方	天津市大学软件学院
36	创客工场	天津安正路生产力促进股份有限公司
37	青创众创空间	天津精通科技发展有限公司
38	凯立达—中德众创空间	天津凯立达众创空间孵化器有限公司
39	现代领航者众创空间	众创空间（天津）科技发展有限公司
40	领航未来工业创意产业众创空间	领航未来（天津）众创空间有限公司
41	弘商众创空间	天津商务职业学院
42	南开大学星空众创空间	南开大学
43	星谷创业工场	天津海天缘生产力促进中心有限责任公司
44	创 E 空间	天津河北工业大学科技园发展有限公司
45	工学坊	河北工业大学
46	“乐创津成”众创空间	天津职业大学
47	天津商业大学微渡创业众创空间	天津商业大学
48	天赋前沿众创空间	天津大学前沿技术研究院有限公司
49	品格创客坊	天津武清汽车产业园有限公司
50	易创空间（天津）	华北城（天津）投资有限公司
51	宝星众创空间	天津宝星节能科技企业孵化器有限公司
52	思创（strong）众创空间	天津市九园新能源科技企业孵化器有限公司
53	天津科技大学众创空间	天津科技大学
54	南滨 GENSBOX（玑瑛青年创新公社）众创空间	南开大学滨海学院
55	医脉众创空间	天津国际生物医药联合研究院有限公司
56	津京互联创业咖啡	天津泰达科技发展集团有限公司
57	创想空间	天津滨海新区科技金融投资集团有限公司
58	腾讯众创空间（天津）	天津远景企鹅文化发展有限公司

续表

序号	名称	运营主体
59	北京大学创业训练营天津基地	燕园校友（天津）投资管理有限公司
60	民航科技创业苗圃	天津航空产业开发有限公司
61	瑞普生物智创谷	天津瑞普生物技术股份有限公司
62	临港科创众创空间	天津大学滨海工业研究院有限公司
63	Thinkbig 创意空间	天津生态城产业园运营管理有限公司
64	fish 工坊	天津市天祥水产有限责任公司
65	we+ 众创空间	天津永辉众创空间有限公司
66	大匠工坊	天津天海同步科技孵化器有限公司
67	虫洞众创空间	虫洞（天津）众创空间有限公司
68	天津市生态农业互联众创空间	天津隆裕共源电子商务有限公司
69	天津创意魔法空间	天津科创科技企业孵化器有限公司
70	凯立达创投咖啡—众创空间	天津凯立达众创空间孵化器有限公司
71	榴莲咖啡众创空间	榴莲咖啡众创空间（天津）股份有限公司
72	天津创元众创发展中心	天津南开创元信息技术有限公司
73	德人环境共创空间	天津众科广联环境科技有限公司
74	天津纳斯达克吧创业咖啡	天津智慧山企业孵化器有限公司
75	高分众创空间	天津中科遥感空间信息技术股份有限公司
76	易・空间众创空间	易创高科集团有限公司

附表 D-3 河北（113 个）

序号	名称	运营主体
1	蜂巢集创	河北蜂聚商业管理有限公司
2	创享吧（众创空间）	河北省青年创业服务中心
3	众创梦工厂	河北磊创科技有限公司
4	毓秀空间	河北女子职业技术学院
5	5A 创业咖啡俱乐部	商云河北企业管理咨询有限公司
6	创投空间	石家庄创投科技有限公司
7	中关村河北金种子众创空间	河北金种子创业谷企业孵化服务有限公司
8	飞翔创客空间	河北科技大学
9	时光空间	河北时光空间科技发展有限公司
10	河北地质大学创业生态公园	河北地院科技开发总公司
11	引领众创	河北引领众创空间有限公司
12	北大中电石家庄科技园众创空间	石家庄北大中电科技园管理有限公司
13	啄木鸟众创空间	石家庄蓝尔科技有限公司
14	互联时空	河北互联时空众创空间有限公司
15	冀成农厂	河北慧聪电子商务有限公司
16	石家庄能客微工厂众创空间	石家庄绿宝露包装材料有限公司
17	鹿岛 V 创空间	河北鹿岛众创空间有限公司
18	育米众创空间	石家庄赢拓电子商务服务有限公司
19	石家庄黑马会众创空间	河北奇兵信息科技有限公司
20	河北创客乐园	河北创客企业管理咨询有限公司
21	3V 咖啡众创空间	石家庄日中天科技企业孵化器有限公司
22	方亿创客园	河北智业众创空间有限公司
23	普华云管家	石家庄市科技创新服务中心
24	青橙公社	河北创格软件科技有限公司
25	天山蒲公英众创空间	石家庄天山科技工业园运营服务有限公司
26	遂变空间	河北海达电子科技有限公司
27	竞合汇众创空间	河北竞合科技服务有限公司
28	瑞德星创众创空间	唐山市金麦瑞德投资有限公司
29	E 创空间	唐山市互联网产业研究院有限公司

续表

序号	名称	运营主体
30	宝升昌众创空间	宝升昌（唐山）金融服务有限公司
31	唐山融·创客工场	唐山融通清科科技企业孵化器有限公司
32	瓷缘梦工场	唐山博玉骨质瓷有限公司
33	唐山工业互联网众创空间（创客汇 唐山）	创客天下（唐山）科技有限公司
34	新百工众创空间—唐山科技中心	唐山百川智能机器有限公司
35	唐山电商众创空间	唐山唐联电子商务有限公司
36	睡着的斑马互联网众创空间	唐山众创空间科技孵化器有限公司
37	唐山众创空间	唐山高新技术创业中心
38	石墨烯家	唐山建华实业集团有限公司
39	金北众创空间	秦皇岛金北众创科技孵化器有限公司
40	燕山大学创客学院	秦皇岛燕大众创创业咨询服务有限公司
41	科泰创新工场	秦皇岛科泰科技服务有限公司
42	e 谷创想空间	秦皇岛漫游世纪科技孵化器有限公司
43	DCT 创客空间	邯郸高科园区发展股份有限公司
44	邯郸颐高万创空间	邯郸开发区颐高电子商务有限公司
45	骏伯众创空间	邢台骏伯众创科技有限公司
46	翼腾创客空间	邢台翼腾网络科技有限公司
47	晋客空间	河北方大科技园管理服务有限公司
48	小燕·蜂巢众创空间	河北广厦物业服务有限公司
49	领创众创空间	河北领创投资有限公司
50	华电·电火花众创空间	华北电力大学
51	河北大学厚德创客空间	河北大学
52	保定支点创客空间	保定市支点创业服务有限公司
53	佰盛合达众创空间	河北佰盛合达众创空间有限公司
54	多维众创空间（保定）	保定河大科技园有限公司
55	豆芽创客空间	保定电谷大学科技园有限公司
56	甲客虫众创空间	保定嘉盛光电科技有限公司
57	电谷 e 创空间	保定华锐电力工程设计有限公司
58	城典众创空间	河北城典股权投资基金管理有限公司

续表

序号	名称	运营主体
59	3S 双创社区	保定同方智慧园区运营有限公司
60	创客汇	保定市创客汇企业管理服务有限公司
61	鸿翔众创空间	怀来县城镇化建设投资有限公司
62	大创园众创空间	张家口大创园创业服务有限公司
63	星起点	张家口市金达开元科技企业孵化器有限责任公司
64	大运河众创空间	沧州市运河区建设投资有限公司
65	东光创盟众创空间	沧州创盟人力资源有限公司
66	新林坡	黄骅市新林坡创业服务中心
67	星火创客	廊坊科技企业孵化器有限公司
68	9 号咖啡	廊坊市宏泰科技成果孵化服务有限公司
69	廊坊壹佰众创空间	廊坊市壹佰创业孵化器有限公司
70	青云创业梦工厂	青云企业孵化器（廊坊）有限公司
71	廊坊华航 E 创空间	北华航天工业学院
72	肽谷生物医药众创空间	太库科技创业发展有限公司
73	中信国安创客众创空间	国安创客投资有限公司
74	京东创客孵化空间 work+	百世金谷实业有限公司
75	扬帆起航创客空间	兴远高科（三河）孵化器有限公司
76	衡智众创空间	衡水衡职创业基地投资有限公司
77	蓝火众创空间	衡水同创企业管理有限公司
78	源动力众创空间	衡水源动力文化传播有限公司
79	创艺空间	河北罗小蛋文化发展有限公司
80	“9+1” 众创空间	保定工业学校
81	创 e 空间	河北工业大学
82	工学坊	河北工业大学
83	唐山青创咖啡互联网 + 主题众创空间	唐山青创空间创业服务有限公司
84	石家庄车库学院	石家庄车库教育科技有限公司
85	启迪之星（沧州）众创空间	启迪之星（沧州）科技企业孵化器有限公司
86	熙颐易达众创空间	河北雄安熙颐易达科技孵化器有限公司
87	峰峰（陶瓷）创客空间	河北众拓众创空间有限公司

续表

序号	名称	运营主体
88	航标众创空间	河北融东企业管理咨询有限公司
89	张家口博创空间	张家口启翰众创空间有限公司
90	渤海众创	河北羽硕文化传播有限公司
91	爬山虎众创空间	定州市朝晖创业辅导中心有限公司
92	中关村创新中心雨林空间	保定中关村信息谷科技服务有限责任公司
93	雪之谷众创空间	张家口启连科技服务有限公司
94	和合众创	河北科创孵化器有限公司
95	和创汇 · 北工大产学研创新工场	涿州和谷科技产业服务有限公司
96	启迪之星（保定）	保定启迪创业孵化器有限公司
97	零度众创空间	张家口零度创客空间有限公司
98	邦辰创客	高阳县邦辰创业辅导股份有限公司
99	广联云中心众创空间	保定广联数字新媒体有限公司
100	和合众创空间（承德）	承德石油高等专科学校，承德高新区科学技术局
101	竞秀联创空间	保定竞秀大学生科技园有限公司
102	无界公社	邢台无界电子商务有限公司
103	腾讯众创空间（廊坊）双创社区	廊坊腾创企业管理咨询服务有限公司
104	魏县众创天使	魏县青年创业孵化基地有限公司
105	沧州市亚创众创空间	沧州市亚创商务服务有限公司
106	沧州市双引擎	沧州市双引擎创业孵化基地有限公司
107	巨鹿县骏腾众创空间	巨鹿县骏腾众创科技有限公司
108	乘渡众创空间	河北乘渡创业孵化器有限公司
109	华夏幸福（大厂）影视众创空间	华夏幸福（大厂）文化影视产业园投资有限公司
110	河北梦享家众创空间	河北梦享家众创空间有限公司
111	邢台信产众创空间	邢台信产创业孵化器有限公司
112	深州瑞成众创空间	深州瑞成创业孵化基地有限公司
113	滦平县泰融众创空间	滦平县泰融企业管理服务有限公司